推銷之神的原式奧義

三明治話術、服務四要點、談判五絕招

保險之神的瘋狂推銷術，開

編著

徐書俊，陳春娃

目錄

前言

第一章　瘋狂治身之術，激發潛能

目錄

第二章　人際戰術，助你搬走路邊的石頭

第三章　追蹤之術，接近客戶的要訣

第四章　人性之術，了解不同類型的客戶

第五章　用「嘴」瘋狂賺錢的推銷之術

目錄

第八章　談判之術，最賺錢的商業策略

目錄

第九章　降龍之術，成功簽約總動員

第十章　服務再服務，給成功加點料

第十一章　走一條自己的路，不虛此生

第十二章　邁出推銷的地雷區，成功不是一朝之事

目錄

前言

在日本保險業，他是一個響噹噹的人物。近百萬的日本保險從業人員中，也許會有人不知道十大保險公司老闆的名字，但絕對沒有人不認識原一平。

原一平的一生充滿傳奇色彩。他 1904 年出生於日本長野縣，成年後身高只有 150 公分，被人稱為「矮冬瓜」。同時頑皮狂野的性格也被鄉里認為是無可救藥的小太保。當他剛剛加入日本明治保險公司時，常常窮得連坐公車的錢都沒有。形象差、起點低、圈子窄、積蓄少……種種不利的因素緊緊包圍著原一平，讓他舉步維艱。這個矮個子窮小子，以堅韌的毅力與命運進行艱苦卓越的搏鬥。

推銷之路孤寂而漫長，會遭受的白眼和冷漠都遠超過其他行業。然而，獨一無二的原一平，卻用辛勤的汗水和獨特的方法跨過這條路上的荊棘。為了爭取更多工作時間，他早上邊穿衣服邊讓妻子將紫菜包的飯糰餵到自己嘴裡，以節省吃飯的時間。為了不放過任何一個潛在客戶，他曾在長達近 4 年的時間裡，登門拜訪 70 次都失敗而歸的情況下，於第 71 次拿到了保單。

在 36 歲時，原一平摘下日本保險冠軍的桂冠，並榮升為世界百萬圓桌會議協會成員。更令人崇拜的是：他從 45 歲起連續 16 年榮登推銷業績全國第一寶座，創下 20 年未被打破的世界推銷最高紀錄。這位日本史上最傑出的保險推銷員簡直就不是「人」，而是「神」——他被業界尊稱為「推銷之神」。

「推銷之神」儘管名聲赫赫、收入豐厚，但他從未停止自己的瘋狂推

前言

銷。他總是睡得晚、起得早。他的太太曾關愛地埋怨他說：「我們現在的積蓄這輩子已經不愁吃穿，何必還要這樣每天辛苦工作呢？」原一平答道：「這不是不愁吃穿的問題，而是我心中有一團火在燃燒，是這一團永不服輸的火在身體裡作怪的關係。」

內心的火一旦點燃，就能燒毀一切不利的因素。這個執著於推銷的狂熱分子，時常對著鏡子苦練微笑，並將微笑分為 38 種！他曾在約見一個頑固的客戶時，竟然動用了足足 30 種微笑，才終於打動這位客戶。

原一平的成功的營銷理念和實踐已成為企業培訓管理者、公關人員、保險營銷人員的生動教材。為此，我們編寫了此書，讓推銷之神為你的推銷生涯拉響鳴笛。此書的內容包括了原一平從心態、修養到與客戶打交道、締約方法等，相信能為廣大讀者帶來全新的啟示。

編者

第一章
瘋狂治身之術，激發潛能

每年都有大把新人加入推銷員的行列。他們希望透過自己的努力，在推銷行業獲得人生事業的成功，但只有少數人能成功，這是為什麼呢？

「推銷之神」原一平在近幾十年的保險推銷生涯中，有許多成敗得失的體會。或許，你能在他那裡領悟出成就一番事業的真諦。

推銷員的「五張臉譜」

推銷大師原一平認為每個人都可能成為成功的業務員，但是每個人的銷售潛力和資源都不相同。為此，推銷員必須真正了解自己之後，才能根據自己的資源重新為自己定位。失去定位，就沒有方向，一切也將無從談起。

為了讓更多推銷員容易解決在推銷中遇到的問題，針對不同的推銷員總結出五張「臉譜」，也就是五種類型。推銷員可對號入座，找到屬於自己的臉譜，為自己在重新定位的過程找到依據。

欺騙型

欺騙型主要特徵是缺乏吃苦耐勞的精神，自以為是，喜歡在工作中弄虛作假，欺騙公司和客戶。

由於某公司推出一個新品牌，派推銷員小李去開拓南部市場。他出差回來後說有個大客戶很有興趣，幾乎就要簽合約了，只是這個月資金周轉有點緊，大概再過一、兩月就能付款進貨。過了一段時間，上司追蹤這個案子，他馬上給所謂的潛在客戶打電話，並煞有介事地一聊就是半小時，然後非常堅定地回覆上司：客戶 15 天後就會付款。等上司催促時，他又說還要 10 天左右，盡量爭取本週內讓客戶付款等等。

最後實在沒辦法拖下去了，便無奈地告訴上司，該客戶突然發生了什麼事情，現在暫時不進新品牌，要到明年再合作了。所以只有再考慮其他客戶，我這裡還有幾個不錯的客戶，雖然實力相對小一點，但在南部也算得上有頭有臉，我接觸過兩次，對方也很有興趣，我馬上聯絡看看。諸如此類等等。眼看這種伎倆無法再奏效時，便換個公司，以同樣的工作方式如法炮製。

這種推銷員喜歡用形容詞，喜歡為重視業績的上司設計「畫餅充飢」的小遊戲，而且在每個公司大概都只「混」3 個月或半年時間。屬於混混推銷的典型代表，在業績方面經常一無是處。很多新人或企業的新員工，在工作一段時間後，當業務能力或業績無法明顯進步時，在公司推銷任務的高壓下，也很容易淪為這種類型。

為此，原一平大師勸誡那些剛進入推銷行業的新人，要作個有抱負的年輕人，千萬不要遇見什麼挫折或困難時便鑽「牛角尖」，走上一條永遠沒有成功和成就可言的不歸路。

普通型

普通型的主要特徵是思考和做事方式比較循規蹈矩，容易受書本的知識結構限制。即使在工作中有創意，也算不上多特別，但是善於學習和參考別人的成功經驗。

這種推銷員只能用於開發「粗線條」的銷售網絡以及維護客戶關係，不能用於執行深度或系統的營銷策略。如果勉強而為，往往容易被執行過程中出現的一些事物困擾，甚至迷失執行的方向。

為此，這類推銷員想要成功就要為自己制定升級的計畫。應該多參考些有價值的成功案例、手段等實戰知識、技能。多接觸一些更優秀的推銷員，定期進行交流，以獲得深度的操作手法。

執著型

執著型的推銷員腳踏實地，有股不屈不撓的「韌勁」。缺點是不善於講究方法和技巧，業務效率低。

公司委任王帥負責中部市場。他每次出差都會腳踏實地去走訪市場和尋找客戶，雖然成功率低，但還是獲得一定的業績。遺憾的是，由於開發市場的方式太缺靈活性，所以整體業績還是遠遠落於人後。

為此，原一平的推銷術認為，要成為合格的業務員，光有毅力是不夠的，還需要掌握一些業務實戰方面的技巧。

投機型

投機型推銷員的主要特徵是典型的機會主義者，有善於觀察事物和把握機會的能力，能大膽設想、相準時機以達到銷售目的。

很多優秀的推銷員都有一定的思考力和執行力，工作獨立性強，善於自主靈活的拆解公司的經銷策略，以利於市場開發。但喜歡急功近利或者過於投機，容易導致在市場工作中留下許多「後遺症」。

他們有業績時容易自滿，有時也會利用機會要挾上司。甚至會自負地以為可以自立門戶。實則不然，業務能力強並不等於領導及策略管理能力也強。

為此，推銷員得到業績時要虛心，以免被一些缺乏遠見的管理者誤以為你在為難、要挾上司，而找理由開除你。但是，這類推銷員善於揣摩談判對象的心理狀態，並能迅速調整談判策略，因此談判的成功率很高。

資源整合型

資源整合型推銷員的主要特徵是不拘一格，能夠大膽創意，有效策劃，並善於整合各方資源和利益，達成讓參與各方都認同的「共贏」局面。特別是對於競爭越趨激烈的今天，這種推銷員容易為企業開創一種「長治久安」的區域市場環境。

其善於創造全新的需求和有利的銷售環境，善於策劃具有正面吸睛效應的公關事件，善於把握問題的核心並制定巧妙的對策，讓參與各方都成為事件的忠實執行者與擁護者。

對於這類推銷員，主要在管理和領導方面有很大的發展空間，特別是在這些方面的工作實踐。相信不久，便是一個不可多得的業務領導者。

所以，現實中推銷員有 5 張不同的「臉譜」，也是推銷員了解自己的一面鏡子。只有了解自己，才知道自己的位置以及應該如何成長。

哲理透視的玄機

有一日，原一平來到東京引本橋小傳馬町一座名叫「村石別院」的寺廟，出於職業本能．他步入寺內打算向寺內住持推銷保險。就是這個舉動，使他巧遇了老和尚，從而影響了他的一生。那一年，原一平 27 歲，剛進入明治保險公司。

「村石別院」的住持是吉田勝逞和尚，是位高僧。原一平問道：「請問有人在嗎？」

「哪一位？」

「我是明治保險公司的原一平」。原一平被帶進廟內，與寺廟住持吉田和尚相對而坐。原一平開門見山，利用所學的保險知識，面對眼前的高僧，開始口若懸河地介紹，勸老和尚投保。等原一平說完後，再看吉田和尚，他的表情與剛開始沒兩樣。

高僧對原一平說：「聽了你的介紹，絲毫沒引起我投保的興趣。」頓了一頓，吉田和尚接著說：「人與人之間，能像現在這樣相對而坐，應該算是緣分、造化，所以一定要具備 —— 種強烈吸引對方的能力，如果你做不到這點，就算講得口若懸河也無濟於事。將來就沒有什麼前途可言了，倔強的年輕人。」老和尚微微顫了一下白眉。

照原一平的習慣，他通常會立刻反駁。但是這次他似乎被吉田和尚的話震懾住了，竟然沒有動怒。

當原一平體會到那句話的意思時，只覺得傲氣全消，羞愧難當。呆呆地望著這位慈祥的老和尚。

此時，老和尚語重心長地對他說：「年輕人，先改造造你自己吧！」

「改造自己？」原一平疑惑地問。

「是的，改造自己首先必須認清自己，你認識自己嗎？你自己事業上最大的敵人是誰呢？」

說到這裡，原一平已經失去談話的主動權，他把保險的事忘得一乾二淨，靜靜地聆聽吉田和尚對他的教誨。

「你在替別人考慮保險之前，必須要考慮自己，認識自己。」

「考慮自己，認識自己？」原一平有點驚訝。

「是的，赤裸裸地注視自己，毫不保留地反省自己，然後才能認識自己。」

「請問高僧，我該怎麼做呢？」

「要做到認識自己，說起來簡單，做起來難，你去請教別人吧。」

「請教別人？如何請教？」原一平急切地詢問。

「好，我告訴你。你手上有多少客戶？」

「有一些。」

「就從這些客戶開始，誠懇地請求他們幫助你認識自己。切記，不可自滿。照我的話去做，他日必定成功。」

在這之前，原一平只懂得一味蠻幹，永不服輸，也從不低頭。即使跌倒，也要抓一把土爬起來。完全憑藉自己的個性咬緊牙關過日子。吉田和尚的一席話就像當頭一棒將他打醒。

臨別時，吉田和尚給他一封介紹信，要他去找伊藤道海和尚。吉田和尚的話徹底改變了原一平的思想。他決定要洗心革面，脫胎換骨。

思想的醒悟，決定行動的開始。回去後，原一平首先做了徹底的反省，為此，他寫出一句至理名言：認識自己，改造自己，睜大雙眼透視敵人 —— 自我。

修行自身，原一平的批評會

當原一平受到吉田和尚的指點後，便努力地認識自己，改造自己。為此，原一平策劃了一個別開生面的「原一平批評會」。舉辦批評會的目的便是讓客戶能暢所欲言，坦率地批評自己。批評會的人數有 5 人，而且每次都邀請不同的客戶，為的便是能聽到更多意見。如此一來，也能拉近與客戶的距離。

既然是邀請，原一平在舉辦「批評會」時，都會盛情款待。每次都會準備 5 瓶小酒，5 份炸牛排，5 份禮物，金額雖然不算太大，但以原一平當時有限的收入，也算一筆不小的開支。

剛開始時，原一平總覺得彆扭、但他的決心沒有動搖，仍去拜訪若干關係較好的保戶。他對客戶誠懇地說：「我才疏學淺，又沒上過大學，因此連如何反省都不會，所以決定召開原一平批評會，懇請閣下抽空參加，對我的缺點加以指正。謝謝：這是邀請函。」原一平所拜訪的投保戶，覺得這種聚會很有意思，所以都痛快地一口答應。

第一次批評會就使原一平原形畢露：

- 你的個性太急躁，常沉不住氣。
- 你的脾氣太壞，而且粗心大意。
- 你太固執，常自以為是。這樣容易失敗，應該多聽聽別人的意見。

- 對於別人的託付，你從不知拒絕，這個缺點一定要改，因為「輕諾者必寡信」。
- 你面對的是形形色色的人，所以一定要有豐富的知識。你的知識面較淺，所以要加強進修。
- 待人處事千萬不能太現實、太自私，也不能耍手段或耍花招，一切都應誠實。人與人之間的關係，只有誠實才能長久。

面對眼前這種情景，就像自己被別人剝光了一樣。一絲不掛地展現在大庭廣眾面前。他一面看著客戶吃著自己提供的飯菜，一面聽著他們比手畫腳地批評自己。原一平真想當場痛罵這群客戶。但他不能，畢竟他們是自己盛情邀來的貴賓。原一平只好臉上一陣紅一陣白地聽著。

他把這些寶貴的逆耳之言一一做下筆記，隨時反省激勵自己。事後，他又跑到當鋪典當了自己的衣物，為的是準備下個月「原一平批評會」的資金。在此以後，當鋪又多了個顧客 —— 原一平。

在這樣的情況下，「原一平批評會」按月舉辦，從未中止。每一次的「批評會」，他都有被剝層皮的感覺。但每透過每一次「批評會」，他就有 —— 次徹底的改變。

原一平認為：「一個人不可能沒有缺點。有缺點並不可怕，可怕的是自己無法發現自己的缺點，進而讓這些可惡的缺點放大。所以說，人生的關鍵在於認識自己，鏟除劣根性。隨著劣根性的消除，人就會逐漸進步、成長、成熟。」原一平學到改進自己缺點的最好方法，那就是發揮潛能，把自己的缺點變成優點；他也學會了如何拒絕，以取得別人更大的信賴。

原一平把在「批評會」中獲得的進步表現在工作中。於是，他的業績突飛猛進。從 1931 年到 1937 年，「原一平批評會」一共舉辦了 6 年。在這 6 年中，他最大的收穫就是將暴烈的脾氣和永不服輸的心理引向正確的位置。

在自信的光環下造就奇蹟

長期以來，人們對推銷的認知都很粗淺，推銷員是個最容易被人誤解、甚至看輕的職業。一個成功的推銷員，應該具備鞭策自己、鼓勵自己的內在動力。只有這樣，才能在大多數人因膽怯而停滯不前的情況下大膽向前。

原一平是明治保險公司的見習推銷員，歷經 9 年的艱苦磨練後，他的業績位居全國第一，並將這個成績維持了長達 15 年之久。

原一平的成功有著怎樣的祕訣？他又是如何顛覆一般人傳統印象中對保險推銷員的不信任，最後贏得客戶和其他人的信任與支持的呢？他將這個祕訣歸結為兩個字：自信。

自信是推銷員的內在思維。俗話說「江山易改，本性難移」，一個人的個性是經長期培養而形成的，想要改變實在不容易。

自信始於心靈，也終結於心靈。換句話說，要想有持續完成任務的積極心態，首先就要有種對成功的強烈渴望或需要。

世上的頂尖人物，心中都有個信念，相信自己必定會成功。自信是一個人感受自己的方式，它包括自我接受程度和自我尊重程度。換言之，自信是發自內心的自我肯定和相信。

當原一平帶著滿腔熱情到明治保險公司應徵時，因長相外貌而被主考官輕視。原一平為了向他證明自己的能力，便立下要完成每月 10,000 元保單業績的軍令狀。

就這樣，原一平成了明治保險公司的「見習保險推銷員」。沒有辦公桌，沒有薪水，還常被同事當「聽差」使喚，走路上班，不吃午飯，以公園長凳為家。面對種種困難，原一平沒有退卻，他相信自己一定會成功。

同時他也明白，他不是單純地推銷保險，同時也是在推銷自己。

經過困窘洗禮後的原一平演繹了一場鳳凰涅槃重生的神話。他在 9 個月內簽下了十幾萬元的保單，遠遠超過當初承諾的數字。

研究顯示，自信在第一印象的形成過程中非常重要。大家都願意與自信的人交往，自信能讓你散發出激情的光芒，吸引他人的目光。

其實，推銷員培養自信心要做的第一件事，就是要有全面的自我認知和自我評價。要全面而深入地了解自己的個性、興趣、專長、知識水準、實際能力等等。然後從各方面對自己進行分析、比較、判斷，找出自己的長處，挖掘自身潛在的優勢。除此之外，推銷員還可透過「揚長避短」來培養自己的自信心。

培養自信就必須克服自卑感和畏難心理。做推銷工作，挫折與失敗是難免的，一名優秀的推銷員必須有充分的自信和必勝的信念。自信不是被動地等待而是主動地出擊，就像機器必須要運轉才能產生作用。主動的信心一無所懼，有了自信就能鼓舞士氣，度過難關，戰勝失敗，克服恐懼。

與情緒揮手告別

人人都會遇到不愉快的時候，或是莫名其妙情緒不佳的時候。當處在人生低谷，或是人生不如意之時，千萬不要把負面情緒帶到工作中，否則不但會讓心情越來越糟，還會影響工作的發展。

身為推銷員，在工作中或多或少都會遇到一些麻煩。如被客戶冷落、被上司修理、遭人拒絕等等。為了妥善處理這些麻煩事，就要善於控制自己的不良情緒。

如果不能及時控制情緒，在遇到困難或是激動時，便會無法理智地思考，這對推銷工作十分不利，更甚者會影響日常的生活。

在日常生活中，因一時情緒衝動而失去生意的大有人在。與其事後懊悔莫及，何不謹慎控制自己的情緒，讓思想服從大腦，而不要讓大腦跟著不滿的情緒走。

大部分推銷員都知道這個故事：兩個歐洲人到非洲去推銷皮鞋。由於天氣炎熱，非洲人向來都打赤腳。第一個推銷員看到非洲人都打赤腳，立刻覺得失望：「這些人都打赤腳，怎麼會要我的鞋呢？」於是放棄努力，失敗沮喪地回去。另一個推銷員看到非洲人都打赤腳時驚喜萬分：「這些人都沒有皮鞋穿，這個皮鞋市場大得很呢。」於是想盡辦法引導非洲人買皮鞋，最後成功而回。

一個合格的推銷員切不可讓自己情緒激動，不能任意宣泄不滿，必須學會管理自己的情緒浪潮，時時保持樂觀而穩定的情緒，建立良好的形象。

那麼如何走出情緒的低谷，讓事業和生活平步青雲呢？以下是從心理學的角度出發，歸納出幾種控制情緒的方法。

- **自我激勵法**：自我激勵法是理智控制不良情緒的良好方法。適度運用自我激勵，可以帶給人精神動力。當一個人面對困難或身處逆境時，能使你從困難和逆境造成的不良情緒中振作起來。「失敗是成功之母」是大家熟知的名言，但在失敗後一味消沉，不採取自我激勵的方法振作精神，那麼失敗只能永遠是失敗，而不會成為成功之母。
- **集中情感法**：當你面對某件特別重要的事情時，要有意識地排除許多讓自己分心的事，把全部情感投注在這件事上。推銷大王原一平為自己制定了「情緒控制法」。他認為一星期至少要減少一次浪費情感的同事交際，喝酒、閒聊不但毫無意義，且會坐失推銷良機。要利用你所有的精力和時間來創造機會，尋找更多客戶，排除浪費情感的活動。

- **心理換位法**：所謂心理換位，就是與他人互換位置角色，即俗話所說的將心比心，站在對方的角度思考、分析問題。這也是消除不良情緒的有效方法。透過心理換位，來體會別人的情緒和思想。這樣就有利於消除和防止不良情緒。如被父母和老師數落時，雖然心裡有氣，但這時要設身處地想一想，假如我是老師、父母，遇到這類情況會怎樣呢？這樣，往往就能理解父母和老師對自已的態度，從而使心情平靜下來。

不該遺忘的自省

曾子曰：「吾日三省吾身」，此話的意思就是讓人每天自省。自省即自我反省、自我檢查，是認識自己的開端。自省是一種境界、一種態度，是對自身價值的真正肯定。自省是一種思想境界和覺悟的高度體現，也是人品人格自我提升的表現。

自省的目的就是為了消除憂慮、憤怒、自卑、自私等各種消極情緒，尋求健康積極的情感、堅強的意志和成熟的個性。推銷大師原一平聽從了老和尚的教誨，在成功之後苦苦思索如何更深入地認識和改造自己。後來，他策劃了一個批評原一平的系列聚會，目的是讓別人能坦率地批評自己，以便讓自己更了解自己。

那麼，身為一名成功的推銷員，要如何從內心做到真正的自我反省呢？這主要取決於三個方面：態度、環境、自覺。

- **態度**：在現實生活中，有些人常常不敢真正面對自己，對自己曾犯下的錯遮遮掩掩，不願面對反省自己。而有些人在反省自己時避重就輕，說些不痛不癢的話，沒有把反省的功夫做足。之所以會出現這種狀況，關鍵在於自我反省的態度。

有些人客觀上反省自己，主觀上卻把責任推給制度、推給上級；更有些人把反省當作走過場，講些冠冕堂皇的話草草了事。追根究柢，是因為沒有勇氣正視自己的過失和錯誤。有的人覺得自己永遠是對的，絲毫不認為有反省的必要。更有甚者，怕給自己所謂的「自尊」帶來傷害，即使心有所想，也不願面對。

- **環境**：自省不是單純的自我批判，而是一種智慧總結。逆境時要自省，順境時更要自省。當得到滿堂彩時應即時反省自己的紕漏，梳理自己的言行，從而找到前進的方向。在自省中，可以總結經驗，記取教訓；在自省中，可以總結過去，規劃未來；在自省中，可以汲取智慧，運籌帷幄，決勝千里。
- **自覺**：自覺地做到自省，首先要打開胸襟，敢於自省。正確認知自己的不足並不是出醜。「宰相肚裡能撐船」。只有容得下過去，才有進步的動力。其次要有淵博的知識，才能善於自省。人想透過自省變得善良、豐富、高貴，底氣就是知識的沉澱。再其次要養成好的習慣，勤於自省，雖達不到古人每日三省其身，也應經常自省。

人生最大的敵人是自己，只有時時自省、彌補缺點、糾正過錯，才能了解何事可為，何事不可為，才能在這其中找到生活的真諦。透過自省，權衡自己的言行，檢驗自己的思想，看看是否合乎「平衡」，只有知道了所及和所不及，才可揚長避短，趨利避害。

隨時檢討自己

隨時檢討自己，建立新的目標。在研究如何成功之前，一定要先弄清楚為何失敗，失敗的原因是什麼。原一平從失敗到成功都是在研究檢討中度過的。

原一平曾說過一句很幽默的話：「其實我追求的是我最恨的成功，我一直在擺脫可愛的失敗。因為失敗和我最親近，它每次都在給我力量，所以我對他永遠難以釋懷。」

為此，原一平在面對別人失敗的時候，總結出以下幾點建議：

- **缺乏長遠的目標**：成功後的原一平經常問來求教的年輕人 「你想不想成功？」每次來求教的青年都會說「想啊，都快想瘋了，真想和閣下一樣，但是想歸想，卻還不清楚該做什麼？」
  原一平聽後覺得很奇怪，因為一個想要成功的人竟然沒有設定目標。已到古稀之年的原一平露出微笑說：「小伙子，你希望自己很優秀，我很欣賞你，我很想和你討論你將如何成功。同時，我覺得行動才有結果。希望你回去後，找出你想做的是什麼，這樣我才能跟你分享成功。所以想要成功必須有目標，找到自身的定位。」
- **不願對自己負責**：原一平遇到失敗從不找藉口，而一般人的通病就是說客戶不行。其實原因都是不願對自己負責。此時要檢討自己，為什麼天天抱怨別人，為什麼不先看看自己，自己是否認識自己？很多問題應該在自己身上仔細思考。
- **沒有立刻行動**：在談及如何失敗時，原一平認為促使自己失敗的最大原因就是沒有立刻行動。原一平想拜訪客戶時都是馬上行動，而失敗者總是明天再去，後天再去。今天好累，先睡個覺，先休息一下，先喝杯茶再說。總之，他總是幫自己找出一大堆藉口，最後延誤了最佳的成功時機。
- **檢討自己的限度**：原一平認為一個人無法成功的最大障礙，就是害怕「被拒絕」，進而害怕失敗。

有一次，原一平在一次保險會議上問一個年輕的業務員「請問你一天最多拜訪幾個客戶呢？」

「10 個。」

「哦，是嗎？能不能更多呢？」原一平追問道。這個青年正在思索，突然原一平拿出一枝玩具槍對準他的頭說：「50 個，可以嗎？」

其實只要每個人為自己設定一個限度，不斷更新目標，不要被外界的壓力所累，業績就會不斷上升。

原一平能從「乞丐」到天王就是不斷地檢討自己，繼而才能成為一代「推銷之神」。

身為推銷員就必須不斷地檢討自己；每一次成功都有一個從失敗走向勝利的過程；你的每一次失敗，都應該成為你攀登成功高峰的墊腳石。失敗並不可怕，可怕的是每次都因同樣的錯誤而失敗。被石頭絆倒並不是低能的表現，但被同一塊石頭再次絆倒，那就是最愚蠢的行為。所以，養成自我檢討的習慣，可以說是推銷員迅速成長的一個祕訣。

瘋狂自省術：僱用別人調查自己

原一平說：「每個人一生中最要緊的，就是何時發現自己的劣根性，並有效地剝除。」基於這個想法，每當業務有了長足發展，他從不居功自傲，而是靜心反思。

連續舉辦 6 年的「原一平批評會」已無法滿足原一平的需要，他渴望的是更深入、更客觀、範圍更廣的批評。

有一天，原一平靈機一動，請了很多客戶和朋友幫忙，借用他們的名義，僱了一些誠實可信的人來調查自己。調查的項目由原一平自己擬定。

具體的調查的項目有：對原一平的評語、對原一平的信用評價、對保險的看法、對原一平公司的評價等等。

從上述內容可以看出，原一平是想要統計這些資訊，徹底做出分析，以找出客戶難以發現的客觀問題。

剛開始時，原一平覺得這招對自己太苛刻了，於是想放棄這愚蠢的行動。但是，想歸想，做歸做，原一平一點也沒有當年那種一意孤行的性格了，於是徵信社的人開始調查原一平了。

此後，每年一次的徵信社調查就在原一平之後的推銷生涯中開始了，並且從未停止。在徵信社的調查資料中，有對原一平有責罵也有讚美。

原一平對讚美之詞一眼瞥過，絕不沾沾自喜；對責罵之言則一一細品，立刻痛改前非。因為讚美只能給他短暫的歡愉，只有責罵和批評才能督促他的事業更上一層樓。

難怪推銷行業的人說他天天進步，業務倍增。幾十年來，責罵、批評與日俱減，但原一平的「外調」工作卻日月不止。正因如此，從 45 歲開始，他連續保持了 15 年全國保險業績冠軍的紀錄。

原一平極為珍惜每一條責罵和批評，他一一記下來慢慢思索，直至完全消化。此外，原一平還意識到保險推銷是門深奧的學問，必須具備市場學、心理學、口才、表演學等多方面的知識。為了提高自身的修養，他堅持每星期六下午到圖書館苦讀；為了能更貼近保戶，他掌握了多種談話技巧，練就了 38 種「笑」。這些都使他在推銷中受益匪淺。1976 年，73 歲的原一平，因努力提高保險推銷員地位的卓越貢獻，榮獲日本天皇頒贈的「四等旭日小綬勛章」。

價值百萬的微笑

人生在世，很多時候我們不得不面對冷漠的面孔、陰鬱的眼神甚至惡意的中傷、陰險的陷阱……但無論我們周圍的世界怎樣令人痛苦不堪，無論我們心靈的天空如何陰霾密布，我們都應當笑對人生。

平凡的生活中，一抹微笑就是一道陽光，它不僅能照亮自我陰暗的內心，還能溫暖周圍潮溼的心靈！當我們在一個個長夜裡反思白天的得失時，或許我們最應問自己的一句話就是：「今天你笑了沒？」

其實，生活真的像一面鏡子，當你對它展顏歡笑時，它所回報給你的，一定也是笑容。

到底是什麼讓身無分文、沒錢租房，只能睡在公園長椅上的原一平如此樂觀？富豪主動買保險到底是被他的何種行為打動？真誠的微笑真的價值百萬嗎？

原一平初入推銷界時處境慘澹不堪，並且自身也毫無氣質與優勢可言。在那段艱難的日子裡，他並沒有自怨自艾，生活雖然向他露出猙獰的面孔，他依然用微笑面對，因為他始終堅信，生命的天空總會有放晴的一天。

為了能夠使自己的微笑在別人眼中是自然且發自內心的真誠笑容，原一平曾專門為此做過訓練。他假設各種場合與心理，自己面對鏡子，練習各種微笑時的臉部表情。因為笑必須從全身出發，才會產生強大的感染力，所以他找了一面能照出全身的大鏡子，每天利用空閒時間，不分晝夜練習。

經過一段時間的練習，他發現嘴唇的開與合，眉毛的上揚與下垂，皺紋的伸與縮，這些表情的「笑」都表達出不同的含意，甚至雙手的起落與兩腿的進退，都會影響「笑」的效果。

有段時間，原一平因為在路上練習大笑，而被路人誤認為神經有問題，也因練習得太入迷，半夜常在夢中笑醒。經過長期苦練後，他可以用微笑表現不同的情感反應，也可以用自己的微笑讓對方露出笑容。

後來，他把「笑」分為 38 種，針對不同的客戶，展現不同的笑容；並且深深體會出，世上最美的笑就是從內心最深處表現出的真誠笑容，如孩童純真自然，散發出迷人的魅力，令人如浴春風，無法抗拒。

有一次，原一平去拜訪一位客戶。在這之前，他就知道此人性格內向、脾氣古怪。見面後果真如此，有時談得正高興，他卻突然煩躁起來。

「你好，我是原一平，明治保險公司的業務員。」

「哦，對不起，我不需要投保。我向來討厭保險。」

「能告訴我為什麼嗎？」我微笑著說。

「討厭是不需要理由的！」他忽然提高聲音，顯得有些不耐煩。

「聽朋友說你在這個行業很成功，真羨慕你，如果我能在我這行也能做得像你一樣好，那就真是太棒了。」我依舊面帶笑容地望著他。

聽我這麼一說，他的態度略有好轉：「我一向討厭保險推銷員，可是你的笑容讓我不忍拒絕與你交談。好吧，你就說說你的保險吧。」

原來是這樣，他並非真的討厭保險，而是不喜歡推銷員。看到問題的本質後，事情就好辦了。接下來的交談中，原一平始終保持微笑，客戶在不知不覺中也受到感染，談到彼此感興趣的話題，彼此都興奮地大笑起來。最後，他愉快地在保單簽上他的大名並與其握手道別。

推銷員剛開始推銷保險時，或許都會繞很多彎路，因為手頭沒有一個客戶，只好採用「地毯式轟炸法」推銷。所謂的「地毯式轟炸法」就是選定一個區域後，挨家挨戶地進行推銷，訪問 15 家後回到公司，第二天，從第 16 戶開始，訪問到第 30 戶。第三天，從 31 戶開始，訪問到第 45 戶。

第四天，重複第一天回訪。這樣做通常沒有什麼明顯的效果。

但是初入推銷保險這行時只能這麼做。原一平也正是用「地毯式轟炸法」贏得了唯一一位客戶。

「怎麼又是推銷保險的，你們公司的推銷員前幾天才來過，我討厭保險，他們都被我拒絕了！」

「是嗎？不過我總比前天那位同事英俊瀟灑吧！」這句話把對方逗樂了。

「你真像個小辣椒，說話這麼風趣。」

「矮個沒壞人，再說辣椒是愈小愈辣！只要您給我 30 分鐘，您就會知道我與那位仁兄有何不同。」此時一定要設法把準客戶逗笑，然後自己跟著笑，當兩人同時開懷大笑，陌生感就會消失，彼此也就能在某一點上做更進一步的溝通了。

原一平曾還用切腹逗準客戶笑。

「你好，我是明治保險公司的原一平。」

對方端詳著名片，過了一會兒，才慢條斯理抬頭說：

「幾天前曾來過某保險公司的業務員，他還沒講完，我就打發他走了。我是不會投保的，為了不浪費你的時間，我看你還是找其他人吧。」

「真謝謝你的關心，你聽完後，如果不滿意的話，我當場切腹。無論如何，請你撥點時間給我吧！」

原一平一臉正氣地說，對方聽了忍不住哈哈大笑說：

「你真的要切腹嗎？」

「不錯，就這樣一刀刺下去……」

原一平邊回答邊用手比劃著。

「你等著瞧，我非要你切腹不可。」

「來啊，我也害怕切腹，看來我非要用心介紹不可啦。」

講到這裡，原一平的表情突然由「正經」變為「鬼臉」，於是，準客戶和原一平一起大笑起來。

無論如何，總要想方法逗準客戶笑，這樣，也可提升自己的工作熱情。當兩個人同時開懷大笑，陌生感消失了，成交的機會就會來臨。

但是在設法逗樂客戶的時候要注意三點：千萬不要油腔滑調，否則，一不小心「幽默」便成了油滑，這樣會讓人生厭；說話時要特別注意聲調與態度的和諧；是否運用幽默要以對方的品味而定。

無論從事任何職業，每個人都應該學會微笑或者利用幽默製造微笑。很多人投入大量時間和金錢學習各種技能，比如英語、電腦等等，而很少有人花一點時間來學習用幽默製造微笑這種技能。而這種不花錢，只要用心就能學會的技能，可帶來的價值卻是不可估量的。

微笑如同直通人心的世界語，它能深深打動另一顆冷漠的心靈。微笑能創造命運的奇蹟。現在，有人說「原一平的微笑價值百萬」，其實，只要你充滿自信真誠的胸懷，也一樣可以用自己的微笑來創造財富。

用勤奮贏得精彩人生

推銷成功的基本原則，一是坐在電話旁；二是走在拜訪的路上。想成為一名出色的推銷員，假若整天待在家裡或辦公室想著如何開拓客戶，如何說服她們，如何成交是沒用的。因此，想要成功，就必須採取行動。

俗話說「一勤天下無難事」，可見勤這個字是成功的一項基本要素。只要勤於努力，一切事情都能迎刃而解。「推銷之神」原一平則說過「推銷沒有技巧，只要勤勞就好」。這便充分說明勤勞是推動推銷成功的關鍵。

自古以來便有無數與勤奮有關的事例為人稱道，車胤「囊螢照書」是勤奮；孫康「雪映窗紗」是勤奮；匡衡「鑿壁偷光」是勤奮；蘇秦「懸樑刺股」是勤奮；祖逖「聞雞起舞」也是勤奮，勤奮使他們最後都成就了一番偉業。

「推銷大王」原一平進入明治保險公司時的主考官高木，也是憑藉勤奮而締造了輝煌的成就。高木起初從事推銷工作時，也是事事不如意。但是他每天會跑三十多家公司推銷影印機。在戰後百業待興的時期，影印機是種非常昂貴的新型商品，絕大部分機關和公司都不會購買。大多數單位，連大門都不讓他進。即使進去了，也很難見到主管。

高木在推銷的頭三個月業績為零。他連一臺影印機都沒賣出去。但是他仍勤奮地每天東奔西跑尋找客戶。

有一天，他打電話回公司，問有沒有客戶來訂購影印機。像是這樣的電話他每天都要打幾遍，每次得到的回答都是:「沒有」。但是這天，得到的回答是:「喂，高木先生，有家證券公司有意購買，你趕快和他們聯絡吧。」

高木匆匆放下電話，立刻與這家公司聯絡。這家公司決定一次購買 8 臺影印機，總價是 108 萬日元，按利潤的 60% 算，高木可得報酬超過 19 萬日元。這是他的第一次成功。從此以後，時來運轉，他的推銷業績直線上升。

由此可見，推銷員獲得成功的根本只有兩個字:「勤奮」。原一平曾說過：推銷員每拜訪 30 個客戶，其中才有 1 個可以成交。因此要不斷尋找新客戶。

俗話說，見面三分情，人與人之間如果有幾分熟悉，說起話來就親切許多，所以要想找到更多客戶，便要從勤於接觸開始。

要說成功者和失敗者最大的區別是什麼，那就是成功者在失敗者放棄的時候沒有放棄，而是繼續往前走出一小步，但就是這一小步導致了天壤之別。愛迪生用上千次失敗才給人類帶來光明，古人云：積跬步，至千里。只有一步一步堅持走下來，才能到達成功的彼岸，收穫幸福的人生之花。

沒有人天生就有超乎常人的推銷力，任何推銷技巧都必須在學習中才能夠理解和運用。

頂尖推銷員擁有的五種愛

要想成為頂尖推銷員，就必須全身心地充滿愛，如果一個推銷員沒有愛，他也不會成功，當然，推銷有愛了，還要懂得如何去愛、以及愛什麼的問題，具體來講，銷售要至少要具有五種愛。

- **愛公司**：愛公司的第一點就是一定要了解公司，了解公司的歷史、公司的使命、公司的願景，公司的組織架構、公司的業務範圍、公司的財務狀況、公司的客戶以及產品銷售通路。第二點是關注公司的發展，公司的未來往往與你的未來是連在一起的，你對公司的將來發展毫不關心，就顯示你沒有企圖心，沒有與公司的命運相連，你的工作是不可能做好的。
- **愛產品**：愛產品就是充分了解產品的生產過程、原料組成、產品等級、產品構造、產品特性、產品使用方法、產品的維護、產品銷售方法、產品銷售過程中的各級價格、產品的賣點、產品優點、產品的利益點，產品包裝的注意事項，產品使用注意事項，能為客戶帶來什麼方便或帶來什麼好處，產品在消費者心目中的地位，消費者對產品的建議等等。

- **愛客戶**：身為推銷員，如果能得到客戶的信任，便會得到客戶的喜愛與信賴，而且也能和客戶建立起親密的關係，這樣自然會購買你的產品。而要形成這樣的關係，推銷員需要具備的首要條件就是愛心，像愛自己一樣愛客戶。

  推銷員在推銷產品的過程中，對於你的理論，別人也許反對；你的言談，別人也許懷疑；你的穿著，別人也許不會贊同；你的長相，別人也許不喜歡；甚至你廉價出售的商品，他們將信將疑。然而，你的愛心一定能溫暖別人，就像太陽的光芒融化冰冷的凍土。愛具有無與倫比的力量，可以使人敞開心扉。愛是一切成功的最大祕密。

  《世界上最偉大的推銷員》（*The Greatest Salesman In the World*）中，一個手牽駱駝推銷貨品的小男孩，憑藉愛心，從一無所有到建立起龐大的商業王國、成為偉大的商人。

  在推銷的時候，只要你有足夠的愛心，就可以成為世界上最有影響力的人。任何負面的情緒在與愛接觸後，如同冰雪遇到陽光，很容易就會消融，如果面臨客戶對你發脾氣，你只要對他報以愛心及溫情，最後他便會改變先前的情緒，呈現出不同的面貌。
- **愛自己**：也許有人說，誰不愛自己？笑話！我說不一定。首先你要清楚什麼叫愛自己。關於愛自己，我認為有兩方面：愛自己的身體和愛自己的名聲。
- **愛家庭**：愛家庭就是對家庭生活負責任，關愛家庭成員，要有孝心。常常問問自己：你關心你的父母身體健康嗎？你關心另一半的生活嗎？你關心孩子的成長過程嗎？

三分膽量，七分折騰

你站在門外，是為了找人？為了推銷？為了求職？面對那扇或斑駁、或尋常、或精緻、或霸氣的陌生的門，你感覺很複雜，手一直不敢抬起來，不知道敲過門後會發生什麼事。你站在門外設想著幾種結果：

一、被拒之門外，根本沒有踏入裡面的可能；二、進去之後，先被排斥，繼而被一股強大而冷漠的力量推出來，一無所獲；三、被微笑地請進去後，覺得門裡的世界沒有門外的世界精彩，便自覺地走出門外；四、從踏入這扇門開始，你便處於最佳的人生狀態。你已經站在成功的位置上，找到了生命的全部：愛情、事業……

可是，你始終拿不出敲門的勇氣，在觀望和徘徊中，品嘗不到成功，體味不到失敗。你害怕被拒絕，害怕進門後一無所獲，害怕陷入新的危機和困境。終於，你放棄了敲門的慾望，甘願讓生命的銳氣在時光的河流中被洗刷、被磨損。

另一個人走了過來，敲開了這扇門，他失敗了，卻獲得很多通往成功的經驗。他重新站到門外時輕鬆地說，我又回到原來的位置。

又一個人走過來，敲開了這扇門，他走出來後，樂觀地攤開雙手，我還是適合做我的老本行。

第四個人走過來，敲開了這扇門，他成功了。因為他有出色的才華，有無法抗拒的人格魅力。但他卻將他的成功歸因為鼓足勇氣敲開那扇緊閉的門。

就是兔子有時也敢捋捋老虎的鬍鬚。勇氣，絕不是開玩笑的事。它只要屈服過一次，就會一而再，再而三地屈服下去。既然同樣的困難以後反正都得加以克服，倒不如趁早解決的好。人們的思想總是比行動勇敢一些，虛弱的精神比虛弱的肢體危害更大，許多擁有傑出特質的人卻剛好缺乏這種活力，他們看起來死氣沉沉，被一種萎靡不振的氣氛包圍，冥冥之中自有絕妙的安排。推銷員一定要有膽氣也要有骨氣，不要讓精神成了軟骨頭。

擁有敏銳的觀察力和判斷力

原一平在推銷保險的過程中，認為自己太缺乏觀察力和判斷力。以前他認為，可以憑著倔強一味追求成功。在修行期間，他便從培養觀察力和判斷力開始著手，並從磨礪中總結經驗教訓。

有一次，他盲目地走進一家住戶，什麼也沒觀察，推門就進，滔滔不絕地張口就向人家介紹保險。結果被人罵了個狗血淋頭。為何如此呢？原來這家人窮得連飯都沒得吃了，怎麼還會關心保險呢？這樣做不但打擾了別人，也浪費了自己的時間。

至此之後，原一平極力改造自己，培養敏銳的觀察力和判斷力。他在工作中總結出經驗，認為在拜訪前應該觀察：

- 門前的清潔程度；
- 院子的清理狀況；
- 房子的新舊；
- 家具如何；
- 屋裡傳出的聲音；
- 整個家庭的氣氛。

之後，根據觀察到的種種情況發揮判斷力作出判斷：

- 這戶人家有無生活規律，是鬆散還是嚴謹；
- 這戶人家經濟狀況好嗎？

- 家庭氣氛明朗健康嗎？
- 假如經濟狀況良好，那麼對保險會感興趣嗎？
- 如果因為經濟困難或家中有人重病而無法投保，又該如何去辦呢？

原一平有了這兩種能力後，如虎添翼般為他成功打開了一扇大門。為此，原一平總結為「獨特的觀察力和判斷力是打開業務之門的金鑰匙」。

用「禮節」回饋對方

禮儀是推銷員成功推銷產品的「敲門磚」，它能幫助推銷員盡快被顧客接納。在歐美經濟發達國家，流傳著這樣一句話：沒有賣不出的商品，只有賣不出商品的推銷員。

良好的推銷禮儀是銷售員言行一致、表裡如一的行為，是尊重顧客、顧客至上的表現。推銷禮儀有助於增強推銷員的自信，發揮智慧，積極推銷，有助於形成良好的光暈效應，使顧客「愛屋及烏」作出預訂的決策。所以，良好的推銷禮儀是銷售員邁出的第一步，更是推銷自我的起點。可以說，每個銷售員都握有這個敲門磚，只看誰會用，誰用得更妙。

得體的禮節可以塑造一個人的良好形象，因此推銷員應懂得人際交往的禮節。那麼，在人際交往中，推銷員應該具備哪些禮節呢？

儀表禮節

日本是禮儀之邦，尤為注重禮節，而「禮」的涵意極為豐富。推銷大師原一平在「儀表美」上曾碰過一次釘子。

一天下午，他故意歪戴帽子，重訪一家上午已與他簽約投保的菸酒店老闆，不料一進門竟遭老闆斥責，令他驚恐不已，方才知自己的失禮，連忙正帽跪地陪禮，平息老闆的餘怒。聰明的原一平知錯即改，感動了老闆，促使老闆特別「開恩」，將上午原本成交的5,000元保費追加到3萬元，給了原一平一個意外的驚喜。這件事也讓原一平徹底反省。從此，他處處注重禮節，講究儀表之美。

由此可見，注重儀表禮儀的人有助於提升個人素養。內強素養外塑形象，如果我們時時處處都能以禮待人，那麼就會使我們顯得很有修養。古人說過這樣的話：窮則獨善其身，達則兼濟天下。「修身齊家治國平天下。」把修身放在首位。教養體現細節，細節展示形象。

注重儀表禮儀還可方便交往與應酬。一個舉止大方，著裝得體的人，一定會比舉止粗俗、衣著不整的人更受歡迎。

使用名片禮節

一名推銷員去拜訪某公司的總經理，在遞名片時，用食指和中指夾著名片遞給對方，而且沒有送到對方手中，而是直接放在桌上，導致那位經理大為不悅，最後可想而知。

呈遞名片時，正確的做法是身體前傾，頭略低向客戶，雙手將名片送到客戶手中，並大方說出自己的名字。這樣有利於降低客戶的防備心理，加上名片又是身分的標誌，用以保證客戶隨時都能找到你，這樣客戶才會對你產生一定的信任感，而願意與你往來。

讀完名片後，要小心地放在名片夾裡，千萬不可拿在手中把玩。也不要放在下半身的褲袋裡，更不可讓名片遺落在桌上。一件看似不起眼的事就可能讓你失去與對方做生意的機會。

握手禮節

如今，握手已成為人們日常生活中交往不可忽視的身體語言之一。推銷員在推銷過程中，為了增進與客戶的關係，必然要經常拜訪客戶。在與客戶見面時，握手是不可少的細節之一。

一般推銷員與客戶握手的過程中，握手時間應掌握在 3 至 6 秒為宜，關係密切的可稍長一些。

跳進自己畫的「圈子」

在開始邁向成功前，首先應該自問一個問題：你的目標是什麼？沒有目標的人，生活猶如浮萍，只不過隨波逐流，自己做不得主。不知道自己要什麼，所以就不曉得如何安排自己的時間，根本不曉得應該怎樣打發時光。所以經常面臨害怕孤枕寂寞的狀態，生活沒有片刻熱情。

如何才能讓生活充滿熱情呢？那就是為自己的人生畫定一個特定的「圈子」，找準正確的目標跳下去。但是這個目標必須是自己喜歡的，這樣就會很主動地去做，也不會因為目標的邁進而感到身心疲倦。

身為推銷員，假若沒有長期目標，也許會被短期的種種挫折擊倒。設定長期目標後，不要一開始就試圖克服所有阻礙。就像每天早上離家時，不可能等路口所有的燈號都轉綠才出門，而是走過一個又一個紅綠燈，這樣不但能走到目力所及之處，而且當你到達時，經常還能看到更遠的地方。

1984 年，在東京國際馬拉松邀請賽中，名不見經傳的日本選手山田本一出人意料地奪得世界冠軍。全世界的人都好奇他憑什麼取得如此驚人的成績時，他在自傳中這麼寫道：

每次比賽前，我都要乘車把比賽路線仔細地看一遍，並把沿途比較醒目的標誌畫下來，比如第一個標誌是銀行；第二個標誌是棵大樹；第三個標誌是棟紅房子……這樣一直畫到賽程的終點。比賽開始後，我就以跑百公尺的速度奮力衝向第一個目標，到達第一個目標後，我又以同樣的速度衝向第二個目標。40 多公里的賽程，我用拆解的幾個小目標輕鬆地跑完了。起初我不懂這個道理，把目標定在 40 多公里外終點線的那面旗幟上，結果跑到十幾公里時就疲憊不堪，被前面那段遙遠的路程給嚇倒了。

可見，目標的力量十分巨大，不過這個故事更強調的是：在大目標下分出層次，分步實現大目標。設定正確的目標不難，但要實現目標卻不容易。如果目標太遠大，我們會因為苦苦追求卻無法得到而氣餒。因此，將一個大目標科學地拆解為若干小目標，落實在具體的每天每週的任務上，正是實現目標的最好方法。

目標又分成許多不同種類，如：人生終極目標、長期目標、中期目標、短期目標、小目標，這麼多的目標並非處於同一個位置上，它們的關係就像一座金字塔。如果你一步一步地實現各層目標，自然就容易成功；反之，你若想一步登天，那就相當困難了。

讓「尊重」先上路

尊重是人與人往來的重要條件之一，這不單指人際互動中對他人的尊重，更重要的是要用對自己的尊重換來別人對你的尊重。

原一平從明治保險公司最基層的見習保險推銷員做起，歷經 9 年磨練，做到保險業績位居全國第一的成績，並將這個紀錄維持了長達 15 年時間。最後，他成為公司的日本橋地方部長和美國百萬元圓桌會議遠東地區會長，這其中有著怎樣的成功祕訣？原一平又是如何顛覆人們傳統印象中對保險推銷員的不信任，並贏得客戶和其他人的信任與支持呢？他將這個祕訣歸結為兩個字：尊重。

一個人只有尊重別人，才能獲得對方的好感和信任。同樣，一個人只有先尊重自己才能尊重別人，也才能獲得對方的尊重，這種對等的尊重是人際互動得以運行的保證。如果你自己都不尊重自己，那麼就沒有人會尊重你，更不要說與你建立一種良好的人際互動關係，甚至成為推心置腹的朋友。

吉姆曾經在流浪漢聚集的地下通道裡遇到一個乞丐。那是一個二十來歲的年輕人。他衣衫破舊，抱著一把褪了色的舊吉他，唱著悲傷的歌曲。這樣的情景，在這個城市每一天都可以見到。

「可以自食其力的人，卻在這裡乞求別人的施捨，他們為什麼不覺得臉紅？」想到這裡，吉姆加快腳步，向前走去。吉姆可不想為這樣的人付出什麼。憂傷的歌曲依然在吉姆的耳邊縈繞，但是吉姆沒有心情停住。

「先生，請等一等。」當吉姆走上臺階時，一個聲音叫住了吉姆，吉姆知道是那個乞討的人。

「別人不給錢就算了，還要追上來要錢！這樣的人我是絕對不會給他錢的。」想到這裡吉姆生氣地對他說：「對不起，我沒有錢給你，我現在很忙，請不要打擾我。」

「您誤會了，我想問，這是您的東西嗎？」當吉姆看到他手裡的錢包時，這才發現，那正是自己的錢包，裡面有整整一萬美金，這些錢要是丟了，吉姆的工作就完了。

剎那間，吉姆感到羞愧，是自己誤會了這個乞丐。他並不是向吉姆討要什麼，而是歸還吉姆遺落的錢包。

吉姆非常激動地接過錢包，為了表示謝意，他從錢包裡拿了一張 10 美元的紙幣，然後對乞丐說：「為了表示感謝，請接受我的一份心意！」

「先生，我是需要錢，但我有自己的原則。」那個年輕的乞丐說道，

「希望您今天有個好心情，下次可要注意了。再見了，先生。」說完，他又回到原先的地方，繼續彈那把舊吉他。

原本覺得並不怎樣的吉他聲突然變得如此人性化，吉姆站在那裡，感覺四周靜悄悄的，只有悅耳的吉他聲在耳邊縈繞。

故事中的乞丐喪失了物質依靠，但是精神世界並沒有崩潰，他渴求人們的尊重。尊重是一個人最基本的，也是最重要的素養。因為，在尊重別人的同時，也為自己贏得了尊重。可見決定人與人之間和睦相處的不是身分的高貴，而是人格的平等。

三人行必有我師

成功也是一種學以致用的經驗，善於學習別人身上的優點，有助於建立良好的人際關係。把別人努力奮鬥的成功經驗拿來運用到自己身上，可以少奮鬥 10 年。這是聰明人之舉。三人行必有我師，從別人身上學習知識更重於自己的言行。

推銷大師原一平從失敗到成功的經驗中，有很多人物對他影響非常大。明治保險公司的總經理阿部章藏便是其中一位。

阿部總經理是原一平的上司又是他的恩師，他待人寬厚嚴以律己。原一平能有如此輝煌的成就，除了自己的努力之外，也經常受到阿部總經理的栽培，使原一平在他身上學到很多有用的東西。

有一天，阿部總經理帶原一平去見小泉信三先生。小泉信三是日本有名的教育家和作家，也是當時一所大學的校長。他與阿部總經理交情頗深。

阿部總經理對小泉信三先生說：「這是我的同事。他人小鬼大，以後必定是大人物呢。」

當著原一平的面，阿部總經理把原一平怒罵串田董事長那件事講了一遍。小泉信三先生聽完哈哈大笑說：「實在有趣，原先生可謂藝高人膽大啊」。

接著，阿部總經理向小泉信三先生講述了今天的來意，「今天我特地來拜訪你，請你把最知己的朋友介紹給原一平。」

「既然阿部先生這麼說，我應該答應才是，可是有點為難。」

「為何為難？」

「你可知道大磯兇殺案，兇手正是帶著前慶應大學校長的介紹信去見被害人的。從那之後，我再也不敢寫介紹信了。」

「原來如此，但別人我不敢保證，原一平我以人格擔保，所以請你務必幫忙」。

小泉信三先生沉默了一會兒，最後說：「既然阿部這樣說，我只有照辦了。」

在阿部逝世後，原一平依然喜歡學習別人豐富的成功經驗，有時去圖書館看別人留下的專著，細心記錄他們的經驗。原一平在 33 歲那年就成為成功的推銷員。他只不過是用 10 年時間學習別人一生留下的光輝經驗。因此，若是善於從別人身上學習，認識優秀的人，你也注定會成為優秀的人。

原一平是個學習能力極強的人，他從阿部總經理身上學到了自律、仔細、禮儀、廉潔甚至是幽默。也從小泉信三先生身上學到了對自己成功有益的東西。

小泉校長曾在他的名著《我的信條》上寫道：「一個身心成熟的人，必須對自己言行的結果負責。一個事後推卸責任的人，身心是未成熟的。」小泉校長那一絲不苟、追求完美的處世態度，確實是原一平成長過程中最好的典範。為了多向小泉校長學習，原一平一有機會就去拜訪他，學習他的為人處世之道。

小泉校長客氣地說：「你不用刻意跑來，其實，你只要打個電話，我就會把介紹信寄給你的。」

而原一平的真正目的，是當面聆聽小泉校長的教誨。他曾告訴原一平：「原老弟，你是從事與人的關係最密切的保險行業，所以必須重視每一個認識的人。要與每一個認識你的人建立長期的友誼，唯一的方法就是去喜歡別人，喜歡別人會使對方產生信心，所以你要像喜歡自己一樣去喜歡別人。」

小泉校長是這樣說的，也是這樣做的。小泉校長雖然從未教原一平如何推銷保險，但是，他教會原一平認識自己、改造自己、喜歡自己、抑制自己，最後有效地把自己推銷出去。

他說：「即使對只往來過一次的人，也要珍惜，你先喜歡對方，對方自然也會喜歡你，這麼一來，對方就有可能在關鍵時候拉你一把。」

第二章
人際戰術，助你搬走路邊的石頭

在日常生活中，人人都離不開人際交往。溝通、自我發展、調整身心等各個方面都需要良好的人際關係。但是，由於環境影響、性格因素、心理因素等原因，許多人卻處理不好人際關係，嚴重的，甚至會出現人際交往的心理障礙。嚴重的則會成為事業成功路上的絆腳石，那麼如何建立人際關係？如何處理人際關係？才能令其幫你搬走腳下的絆腳石呢？日本推銷大師原一平會為你一一找出答案。

有人脈才能賺大錢

建立人脈關係具有極大的價值。市場經濟有很大一部分就是人脈關係的經濟，譬如網路經濟中的「眼球效應」，譬如商戰中的「人氣效應」，譬如廣告講究的「宣傳效應」；譬如選戰打的就是人氣人緣。在人脈關係中，如果有近千個人關注你、知道你，建立了近千人的人脈關係，你也就把自己推銷出去了。

日本保險業的推銷大王原一平曾說過：「我發現，人與人的關係有多麼重要，所以我為人處事的第一目標，就是重視並且尊重人際關係。」

阿部章藏是明治保險的常務董事，是負責這個保險公司外務營業部門的總指揮官。原一平初進公司時只見過他的照片，或者頂多遠遠看過他的樣子。

原一平想道：「明治保險是三菱的子公司，三菱財閥可是日本產業界響噹噹的大集團，要進入這個企業集團，就得先認識裡面的大人物。」

「三菱企業的龍頭是誰？如果我有介紹信的話，就一定可以進入這個集團。」原一平後來知道「龍頭」就是串田萬藏，他既是三菱銀行的社長，也是明治保險的社長，可以說是當時日本三大財閥之一。原一平心想，只要我能得到阿部章藏的介紹，就不缺大客戶了。

但是，明治保險曾經來了幾位三菱企業的董事，他們約定，明治保險不得請三菱企業的員工寫保險介紹信。這個約定，就連常務董事也不得不遵守，所以他實在不能為原一平開介紹信。

「那我可以直接去見串田社長嗎？」原一平不是個輕易放棄的人。「你可以自己去試試看。」

阿部章藏將串田萬藏什麼時候在哪裡，每天早上幾點進公司的行程，都一五一十告訴了原一平。第二天早上九點整，原一平被帶到三菱總部的會客室。原一平在會客室整整等了兩個多鐘頭，大概因為太累，加上沙發的柔軟，疲憊的他居然睡著了。

「你有何貴幹呀？」串田萬藏帶著他的祕書站在原一平面前。原一平突然醒來，一下子把事前的計畫全部都忘得一乾二淨了，他根本沒有時間按照計畫進行。「我……」

「你究竟找我有何貴幹？」

「我是明治保險的原一平。」

「我問你究竟有何貴幹？」

「我想請您寫一封保險介紹信。」

「什麼？要我這寫一封推薦你們那種保險的介紹信？」

「你說什麼？竟敢說『你們那種保險』，這像話嗎？」說話的同時，原一平向前跨出一步，頗有與人打架，準備抓住對方領子的氣勢。原一平沒有這麼做，但他的表情確實讓串田萬藏社長一時招架不住而向後退了一步。

「公司叫我們要視保險為一項正當的職業，您身為公司的社長，卻說你們這種保險，這像話嗎？我要回公司，把這件事讓全國老百姓知道。」原一平大聲說了幾句話之後，頭也不回地掉頭就走，踏出會客室。除了離開現場，他別無選擇。

串田萬藏社長聽完這個奇怪的矮個子的蠢話，便立即打電話給明治保險的阿部章藏。「今天我這裡來了一個狠角色，大罵了兩句就揚長而去了。」

「真的？他走了以後，我想了好久，我覺得我們錯了。」這句話出自一個公司領導人的口中，真不容易。

當天，公司緊急召開董事會議，會議中決定，將三菱企業的員工退休金全部轉移到明治人壽保險公司，並且做了許多細節規定。

之後，串田萬藏陸陸續續為原一平介紹了不少朋友、知己，其中包括學習院的院長安倍能成、日本銀行總裁澀谷敬三等知名人士。

壽險事業不僅使原一平成為億萬富翁，而且贏得了日本乃至國際社會的廣泛尊重。他一生還致力於人壽保險事業的建設，創辦「全日本壽險推銷員協會」，對壽險從業人員的業務素養和社會地位的提高作出了卓越貢獻。

縱觀世界，所有成功的人都有一個共同的特性，也就是他們懂得如何與別人打交道，建立良好的人際關係。生活在現代都市中，人都是寶貴的。如今很少有人去森林山洞中隱居，為了讓自己的努力換來更大的成功，我們都離不開社會環境，離不開周圍的人。

推銷新手如何建立人脈網

原一平說：「大多數人一生中只有少數的朋友，其他許多人只能算是認識而已。沒有這些人，生命將失色不少：對業務員來說，保戶的朋友圈是潛在保戶的極佳來源。」

對於初進推銷行業的人來說，在適應環境的前提下還要建立自己的人脈網。人際關係對推銷人員來說尤其重要。但身為初進推銷行業的人來說，人際關係相對較少，這也正常，不過一定要認知到必須建立自己的人脈圈。

但是，建立人脈網首先要強調的就是，想要建立強大的人脈並不是一朝一夕就能做到的，這需要平常待人處世的累積。除此之外，人際關係並不神祕。對於一個普通人來講，不管是誰，總有或多或少的人際關係，無非是廣度和深度有所不同而已。推銷員要建立人脈網，首先就要在人脈的廣度和深度上突破。

那麼，推銷界的新手在建立人脈網時是否有較快捷的方法呢？答案是肯定的。那麼，新人在建立人脈網時需要注意哪方面的內容呢？

明白哪些人可以幫你組成人脈網

推銷界的新人在建立人脈網時，首先要從自己身邊的人下手。要明白你的同事、上級都可以成為你人脈網的一員，但也不要刻意建立人際關係而組成小團體破壞公司內部的團結。在做好自己本職工作的前提下，在部門裡要用成績贏得大家的尊敬，繼而確立自己相應的位置。在日常生活中要和同事和諧相處，但也要注意作人的原則，透過長時間的共事建立信譽。

除了公司的同事，推銷員所遇到的客戶、競爭對手也可以幫助建立人脈網。推銷員服務的客戶如果認同你，不但在工作上會對你提供幫助，而且還可能幫你開發客戶。即使以後離開原工作單位，也要保持聯絡。他還是有可能成為你新工作上的客戶或為你提供新的客戶資源。

現在不同企業的推銷員之間也有些共同的小圈子。大家在一起交流資訊、經驗等。因此，新人要隨時注意這些圈子，並想辦法加入，因為這些圈子可以幫助你得到消息並拓寬人脈。

對於業內的專家，這些人也可以為你提供資訊和工作上的指導。你不一定能和這些人當面進行溝通和交流，但可以和他們保持電話和郵件等形式的交流和溝通。

每個人都有自己的人脈網，你也可以透過自己人脈的成員去接觸他們的人脈圈，可以透過參加他們的會議或聚會接觸他們，以此不斷擴大自己的人脈圈。

人脈網要經常維護

推銷員建立人脈網時不能抱著太強的功利心態，也就是不能抱著利用人的心態去建立人脈圈，不能因為對方暫時對自己有用就去接觸，反之就不接觸，或者利用之後就不再接觸。

許多人的朋友之所以越來越少，原因就在交朋友的目的只是利用，結果大家知道他的目的後，越來越多人就會離他遠去，當然，建立人脈網有借助人脈發展和幫助自己的目的，但你必須明白，建立強大的人脈網需要時間，同時人脈作用的發揮也不只是一時之間，它的作用會伴隨你一生，所以建立人脈網時，短視近利的行為都是要不得的。

因此，推銷員在維護人脈絡網時要建立專用通訊錄。認識的人多了，有的人可能會失去聯絡，所以你不但要經常把自己最新的聯絡方式告知人脈網內的人，而且要經常整理他們的通訊錄和相應的資訊，以便大家的聯絡可以保持暢通。

在鄉下有種說法：親戚要常串門子，如果長時間不聯絡，那麼時間一長，親戚也就不是親戚了。這句話也適用於人脈網的建立。所以對於自己人脈圈的人，大家若有時間，就要經常聚聚，如果不能經常見面，平常也要保持一定的聯絡，比如逢年過節時相互發條祝福簡訊或打個電話也可以。

聞其聲，辨其人，識其心

察言觀色是一切人情往來中的基本技能。不會察言觀色，就像不知風向便去轉動舵柄，搞不好還會在小風浪中翻船。直覺雖然敏感卻容易受人矇蔽，懂得如何推理和判斷，才是察言觀色所追求的頂級技藝。

言談能告訴你一個人的地位、性格、人品乃至內心情緒，因此善聽弦外之音是「察言」的關鍵所在。

如果說觀色猶如察看天氣，那麼看一個人的臉色應如「看雲識天氣」般也有很深的學問，因為不是所有人在所有時間和場合都會喜怒形於色，相反的多是「笑在臉上，哭在心裡」。

「眼色」是「臉色」中最應關注的重點。它最能不由自主地告訴我們真相，人的坐姿和服裝同樣能幫助我們從小地方識察他人的整體及內心的意圖。

人際交往中，敏銳地觀察他人的語言、表情、手勢、動作以及看似不經意的行為，是掌握對方意圖的先決條件，測得風向才能使舵。例如和上司打交道時，對其眼色動作的觀察，才能夠讓我們洞悉其內心。

牆頭草，隨風倒 —— 見什麼人說什麼話

有句古諺是這麼說的：「到什麼山唱什麼歌，見什麼人說什麼話」。生活中有各種各樣的人，因此，他們的心理特點，脾氣特點、語言習慣也各不相同，這就決定了他們對語言訊息的要求各有不同。所以，一個出色的推銷員要見什麼人說什麼話，不能用統一的通用的標準說話方式來交流。

- **沉默型客戶**：沉默型的客戶金口難開，沉默寡言，性格內向。與他談生意時，對於推銷員說的話，他們總是瞻前顧後，毫無主見，有時即使胸有成竹，也不願貿然說出口。

  但這類顧客往往態度很好，對推銷員很熱情，即使推銷員嘮嘮叨叨，也絕不採取拒絕的態度，只是滿面笑容，彬彬有禮，但很少話語。推

銷員此時一定要讓他先開口。但怎樣讓對方先開口呢？這就要看推銷員的口才了。

例如，你可以提出對方樂意回答的問題，可以提出對方關心的話題等等。和這種人打交道一定要耐心，提出一個問題後，即使對方不立刻回答，推銷員也要禮貌地等待，等對方開了口，再說下一個問題。

- **冷淡型客戶**：冷淡型的客戶可能對推銷員的來訪連一般的寒暄都沒有，擺出一副「你來幹什麼？」的臉色。上門拜訪時，他會閉門不見，若按門鈴會受到你不必再來的冷落。推銷員如果走進他們的辦公室，他們同樣也會冷語相待。對待這類顧客，你的談吐一定要熱情，無論他的態度多麼令人失望，但身為推銷員，你不要洩氣，要主動而真誠地和他們打交道。
- **慎重型客戶**：慎重型的客戶辦事謹慎。他們在決定購買前，對商品的各方面都會仔細詢問，等到徹底了解和滿意時才下最後的決心。而在他下決心前，又往往會與親朋好友商量。對這樣的顧客，推銷員應該不厭其煩地耐心解答顧客提出的問題。說話時態度要謙虛恭敬，既不能高談闊論，也不能巧舌如簧，而應該實話實說，樸實無華，直而不曲，話語雖然簡單，但言必中的，給人敦厚的印象。盡量避免在接觸中節外生枝。
- **自高自大型客戶**：自高自大型的客戶主要分為兩種 —— 一種確實是有某些本錢，因此能端著架子；另一種人連本錢都沒有，只是裝腔作勢來嚇人。

他們擺架子的目的無非是虛榮心作祟，要別人承認他的存在和地位。這種人在生意中常會反駁推銷員的意見，同時吹噓自己。

對於這種人，要順水推舟，首先讓他吹個夠，推銷員不但要洗耳恭聽，還要不時附和幾句。對他提出的意見不要正面衝突。等他講夠了，再巧妙地將他變為聽眾，反轉他的優越感，讓他來附和你。

- **博學型客戶**：推銷員在推銷過程中，如果遇到真才實學的，也就是博學型的客戶，你不妨從理論上談起，引經據典，縱橫交錯，使談話富於哲理色彩，言詞應含蓄文雅，既不炫學，又給人留下謙虛好學的印象。甚至可以把你要解決的問題當作一項請求提出來，請他指點迷津，把他當作良師益友，就會得到他的支持。
- **見異思遷型客戶**：遇到見異思遷類型客戶時，如果他們心情好時會非常熱情，甚至會使你不好意思；但他們憂鬱時就冷若冰霜，出爾反爾，給人難以捉摸的感覺。對待他們最重要的是理解。掌握他們的心理再開始推銷。例如，對方情緒不佳時，假如你能讓他傾吐內心的不滿，使他擺脫心理壓力，對你的推銷工作會大有好處。

總之，對待不同性格的人，要採取不同的說話方式。因人施法，恰到好處，這樣推銷產品才能成功。

遠離「獨行俠」，建立良好客戶關係

一個好漢三個幫，這是一個不需要獨行俠的時代。獨自一人起早貪黑，卻總是看著同事輕鬆地摘取桂冠。差距在哪裡？問問那些推銷冠軍吧，他們會微笑告訴你，其實推銷很簡單，他們不過是贏在「人緣」。

「推銷」完全在於和消費者客戶建立關係。銷售除了提供合格產品和信守承諾之外，還必須超越顧客的期待。推銷的最基本工作，就是監管和控制產品、服務是否信守了企業的承諾。

推銷員要確保在推銷產品中立於不敗之地，根本還是要解決輕於承諾，拙於信守的問題。把客戶的利益隨時放於心上，實實在在地為客戶著想。但推銷大師原一平說過，與客戶建立密切的聯繫並不是說說就能做到的事。

眾多推銷行業的新手都會迷戀原一平的成功經歷。他瘋狂的推銷手段，更是令眾多推銷員折服。

一次，原一平有位朋友告訴他，他認識一家實力雄厚的建築公司經理。於是，原一平請他的朋友寫了封介紹信，他帶著信去拜訪那位年輕的經理。

誰知這位年輕的建築經理不買原一平的帳，瞥了一眼原一平帶來的信，說道：「你是想跟我要保險訂單嗎？我可沒興趣，還是請你回去吧。」

「山木先生，您還沒看我的計畫書呢」？

「我一個月前剛剛在一家保險公司投保，你覺得我還有必要看你的計畫書嗎」？

山木斷然拒絕的態度並沒有嚇跑原一平，他鼓起勇氣，大膽問道：「山木先生，我們都是年齡差不多的生意人，能告訴我您為什麼能這麼成功嗎？」

原一平很有誠意的語調和發自內心的求知渴望，讓這位年輕的經理不好意思再用冰冷的態度回絕他。

於是，山木經理開始向原一平講述自己過去的艱難創業史，每當他說到如何克服挫折和困難，遭受許多不幸的經歷時，原一平總會伸手拍拍他的肩說：「一切不幸都過去了，現在好了。」

整整三個多小時過去，突然，經理祕書敲門進來，說是有文件要請經理簽字。等女祕書出門後，二人對望了一眼，都沒有開口說話。最後，還是山木經理打破沉默，他輕聲問道：「你需要我做些什麼呢？」

原一平提了幾個關於山木先生在建築事業方面的問題，以大致了解了山木今後的打算、計畫和目標。山木都一一對他說明。之後，原一平笑著起身告辭，「山木先生，謝謝您對我的信任，我會對您告訴我的話做些回饋的。」

兩個星期後，原一平帶著一份計畫書又敲開山木先生的辦公室，這份計畫書是他熬了三天三夜的精心之作，在計畫書裡，原一平詳細擬訂了山木建築公司在未來發展方面的一些計畫。山木再次看見原一平，親熱地上前握住他的手說：「歡迎光臨。」

「謝謝你的盛情，請你看一下這份計畫書吧，裡面如有不當，還請多多指教。」

山木坐在沙發上仔細翻閱了計畫書，臉上露出欣喜的表情。

「真是太棒了，我們自己人還想不到這麼周全呢。實在太謝謝你，原一平先生。」

「呵呵，別客氣，我哪能跟你們公司的專業人士相提並論呢？」

兩個人坐下來又談了很久。等原一平離開山木的辦公室時，這位經理毫不猶豫地買了100萬日元的人壽保險，緊接著副經理也向原一平買了100萬日元的保險，財務祕書也買了25萬日元的保險。

這還只是第一次的保險金額，接下來十年中，他們的保險金額總共高達750萬日元。原一平和山木先生的友誼也越來越深，他倆成為一對默契深厚的夥伴。

許多人不重視人際關係是因為缺乏遠慮。他們只關心第二天結果如何，而不考慮如何從根本上提高自己達到成功的能力，以及如何能使自己長期在有利的環境中工作。隨著市場競爭加劇，國際品牌間的競爭已不僅停留在滿足基本的承諾層面，還要在努力持續超越客戶的需要，感動客戶，建立良好的客戶關係。

站在對方的立場上思考

對待客戶，推銷員如果能為他們著想，馬上就能引起顧客的好感和注意。因為人對與自己有關的事都特別敏感，而對與自己無關的事則，往往不太關心。

推銷的最高境界，就是讓顧客感覺到，你是真的設身處地在為他們著想，是真正能幫他們解決問題的朋友。每個人都願意與志趣相投的人交往。只要能在推銷過程中多考慮顧客的收益，真誠地與顧客交流，如此不僅能贏得他的信賴，而且還可能讓他為你做義務宣傳。

我們或許都遇過這種場景：在餐廳吃飯時，有的餐館不管用餐人數多少，總是不斷向你推薦一大堆菜；而有的餐館卻會誠實地跟你說，你們幾個人點這幾個菜已經夠了，點太多會吃不完。我想，顧客願意再度光顧的一定是第二家餐館。因為真誠能贏得好感， 只要讓客戶感覺到你的真心誠意，成功的機率就會大大增加。

原一平就是這樣成為創造日本保險神話的「推銷之神」。他自始至終都用真心誠意做生意。如果他覺得對方的確需要再投其他保險，就會坦白告訴對方，並為他設計一個最適合的方案；如果沒有必要，他會直截了當地告訴對方，不需要再多花一分錢。正是這種隨時為客戶打算、處處替客戶著想的敬業精神，成就了原一平的地位。

原一平去拜訪一位退役軍人。軍人有軍人的脾氣，說一不二，剛正而固執。如果沒有讓他信服的理由，講得再多也是白費心機。所以，原一平開門見山對他說：「保險是人人不可缺少的必需品。」

「年輕人的確需要保險，但我就不同，我不但老了，還沒有子女。所以不需要保險。」

「你這種觀念有偏差，就是因為沒有子女，我才熱心地勸你投保。」

「道理何在呢？」

「沒有什麼特別的理由。」原一平的答覆出乎軍人的意料之外。他露出詫異的神情。

「哼，要是你能說出讓我信服的理由，我就投保 .」

原一平故意壓低音調說：「我常聽人說，為人妻者，沒有子女承歡膝下，乃人生最寂寞之事，可是單單責怪妻子不能生育是不公平的。既然是夫妻，理應由兩人一起負責。所以當丈夫的，應當好好善待妻子才對。」

原一平接著說：「如果有兒女的話，即使丈夫去世，兒女還能安慰傷心的母親，並擔起撫養的責任。一個沒有兒女的婦人，一旦丈夫去世，留給他的恐怕只有不安與憂愁吧，你剛剛說沒有女子所以不用投保，如果你有個萬一，請問尊夫人怎麼辦？你贊成年輕人投保，其實年輕的寡婦還有再嫁的機會，你的情形就不同嘍。」

軍人先生默不作聲，過了一會兒，他點點頭說：「你講得有道理，我投保。」

原一平成功的奧祕何在呢？就在於站在對方的立場設身處地地思考，發現對方的興趣與需求，然後進行引導，曉之以理，動之以情，使顧客的想法與他達成共識，產生共鳴，最後顧客就會欣然接受。

「菜鳥」推銷員的成功術

小王當推銷員的第一天，經理向他詳細介紹了產品的情況，並拿了些資料給他。第二天就算開始上任準備工作。而這天正好是週末，客戶很多。初做推銷員的他在業務方面的實戰經驗是個「菜鳥」，但也要硬著頭皮上陣。

正在他心裡萬分緊張時，有三位客戶走進公司。小王憑直覺辨認出其中一位是設計師，另外是一對夫婦。與他們交談後發現，那對夫婦中，男的決策權相對大些，所以小王選擇男士作為主要介紹對象，而事實也證明他的判斷正確。但是，初來乍到的他對產品一竅不通，只有幾分了解，要怎麼說服客戶購買呢？

正當小王乾著急時，他發現客戶走到一個樣品櫃前停了下來。經理剛剛給他的一些資料中，也正好有這款產品的效果圖，很可能有用。於是，他隨即拿給那位客戶，客戶看後對產品興趣大增，但他詢問設計師的意見時，設計師卻輕描淡寫地說：「圖上這房子的裝潢風格跟你家不太搭。」

小王偷瞄了一下設計師的眼神，意識到設計師之所以扯這對夫婦的後腿，很可能是因為我們公司沒給這位設計師好處。

因此，小王趁著為客戶倒水時，示意另一個推銷員把設計師支開。設計師走後，他從客戶那裡得知其家中的裝修偏向現代風格。於是，小王指著一個效果圖建議客戶，如果您選擇的這款產品與一款金屬色產品混合鋪貼，不僅可以展現現代風格，也會讓空間上有種過渡的藝術感。與此同時，他還趁機向客戶介紹他們產品的品質與服務。客戶不停地滿意點頭。

但最後客戶還是匆匆離去，也沒有留下任何聯絡方式，只說下次再來。小王想這下可完了，第一次就丟了一個客戶，可能永遠都會與這個客戶無緣。

過了一週後，那位客戶帶著設計師來了，一進門小王便認出他們，熱情地打起招呼。而這位客戶卻反問他：「我們認識嗎？」當小王提起上次為他服務的事情後，這位客戶顯然因為覺得受到尊重而十分高興。

接下來的溝通就順利多了，不論設計師提出任何反對意見，這位客戶都沒有提其他要求，只是說價格高了點。見此情況，小王便將正在促銷的一款相似產品介紹給他，最終順利成交。

這是小王的第一次成交。它讓小王體認到必須要記住客戶，有時對客戶的尊重和對細節的重視比什麼都重要。他能一眼認出設計師，能馬上辨別出購買的決策人，能與其他店員主動配合，能對客人解說陌生的產品，能記住接觸過的顧客……這些都是一個優秀的導購該具備的基本特質。

以「禮」洗心法

對方是否有心加入推銷員的準客戶群呢？關鍵在於推銷員是否有能力收買他們的心。從古至今「得民心者得天下」已成為亙古不變的至理名言。既然確定了人心如此重要，那麼不管對方多麼蠻橫霸道，但他終歸是個人，是有感情的。所以，推銷也要先學會「攻心為上」的道理。推銷大師原一平就曾用送禮物的方式贏得客戶的心。

給客戶送禮是有學問的，送多了負擔不起，送少了又顯得太寒酸。最好的禮物是讓準客戶感覺良好，又受之有愧。

通常，原一平的第二次拜訪比第一次規矩，把握「說了就走」的原則，找個適當的理由，講幾分鐘就走。問題的關鍵就在第三次訪問。有一天，原一平去拜訪一位準客戶。

「你好，我是原一平，前幾天打擾了。」

「瞧你精神蠻好的，今天沒忘記什麼事了吧？」

「不會的，不過，有個請求，就勞煩你今天請我吃頓飯吧！」

「哈哈，你是不是太天真了，進來吧！」

「既然厚著臉皮來了，很抱歉，我就不客氣了。」

回家後，原一平立即寫了一封誠懇的致謝信。「今日冒然拜訪，承蒙熱誠款待，銘感於心，特此致函致謝。晚輩沐浴在貴府融洽的氣氛中，十分感動。」另外，原一平還買了一份厚禮，連信一起寄出。關於這份特別禮物，原一平自有標準：

如果吃了準客戶 1,000 日元，原一平回報他 2,000 日元的禮物。

第三次訪問過後 20 天，原一平會做第四次訪問。

「嘿，老原，你的禮物收到了，真不好意思，讓你破費啦！對了，我剛鹵好一鍋牛肉，吃個便飯再走吧！」

「謝謝你的邀請，不巧今天另有要事在身，不方便再打擾你。」

「那麼客氣，喝杯茶的時間總還有吧！」

人與人之間的感情是透過日積月累逐漸建立起來的。為此，原一平用以「禮」換心法贏得了很多準客戶。

「擒賊先擒王」的戰術

推銷是種辛苦而繁瑣的工作。推銷員在推銷過程中常會面臨客戶的拒絕與冷眼諷語，因此心理上也常遭受打擊，尤其對一個初涉推銷行業的人來說，會容易對工作失去信心。為此，推銷員的心理必須比一般人堅強，並且還需掌握一定的推銷技巧，這樣成功的機率就會大大增加。那要怎麼做，才能不讓客戶直接拒絕或是費了半天功夫卻一事無成呢？就讓推銷大師原一平教你一招瘋狂的推銷術。

在原一平的推銷生涯中，總是不斷開發新客戶。他在面對每個公司的老闆或主管時，都有自己獨特的應對方式。

原一平每當去一個大企業推銷保險時，總是單刀直入找公司的負責人，從不會跟沒有決定權的員工死纏爛打。因為原一平明白，即使糾纏下去，見不到掌握最終決定權的負責人，所下的功夫一樣都會白費。

所以原一平本著「擒賊先擒王」的推銷戰術，屢屢得到大額保單。有一次，原一平為了見一個公司的總經理，在他的車旁等了 4 個小時。一見到這位總經理，原一平便使出渾身解數，全方位出擊講解保險產品，最後讓這位總經理被他折服而簽下保單。

對於「擒賊先擒王」的戰術一般會在推銷大案子或團體保險時，在必須有對方負責人出面的情況下運用。

身為推銷員，只管把老闆當「賊」看，自己就是那擒賊的「英雄」嗎？當然這不是貶低老闆，而是說，做個成功的推銷員一定要先找到老闆，和沒有決定權的人談來談去，浪費時間不說，最後還是要找老闆決定，既然如此，何不一步到位呢？那麼，要怎麼接近老闆呢？在這裡介紹幾種辦法：

- **介紹接近法**：所謂介紹接近法就透過熟人寫介紹信、便條、打招呼等。使老闆不看僧面看佛面，即使不一定有合作意願，但接待時通常會比較客氣。
- **拉關係接近法**：拉關係接近法就是利用同鄉、同學等一切可能接近老闆的關係，如有在行政單位工作的朋友和親戚，利用這種關係最好！或利用與老闆較親近的人介紹等。
- **調查接近法**：拜訪陌生的老闆之前，最好要向服務人員或周圍的門市打聽老闆的姓名，以及老闆的工作時間，甚至於嗜好等方面的消息，掌握這些資訊後進行拜訪就可以減少很多障礙。

提升推銷技巧的人際關係

常言道：「在家靠父母，出門靠朋友」。推銷員想將本職工作做好，人際關係就更是重要。其實，不光是推銷，人是具有社會性的，只要你想有好的發展，人際關係就必不可少。

一個懂得處理人際關係的人，不僅能在社會上受人尊重，家庭也會非常和睦，讓人羨慕。

成功的道路上，人脈與知識同等重要。發展人際關係應當是最優先的事。以下是眾多有助於建立良好人際關係的技巧。要在實踐中練習這些技巧，成為成功的交際大師。

- **幫助他人成功**：社交的本質就是不斷用各種形式幫助其他人成功。共享你的知識與資源、時間與精力、朋友與關係、同情與關愛，從而持續為他人提供價值，同時提高自己的價值。
- **與你認識的人保持聯絡**：剛開始時，要專注於你當前人脈網中的人。
- **樂於向人求助**：樂於索取可以創造機遇。你應該像樂於幫助別人一樣，樂於向他人索取。記住，要做好別人說「不」的最壞打算。
- **了解與你交往的人**：如果你對交往的人有足夠的了解，可以深入他的領域，與他進行專業的對話，這樣就能很容易得到讚賞。找到一個豐富而有深度的共同點，之後你們的交往就會容易許多，並能讓對方留下深刻印象。
- **與交際高手保持聯繫**：有些人認識的人比我們多得多。這些人是各領域的核心。你如果能和這些人交友。就可以透過這個人與上千人牽上關係。
- **提高「語言流利度」**：一種可以與任何人，在任何情況下都可自信溝通的能力。這是許多成功人士的共同特徵。而與人和睦相處的能力，對於個人進步，比其它任何東西都重要。

- **對他人的成功感興趣**：對他人的成功感興趣，你可以在 2 個月內變得更成功。你也可以花 2 年時間，讓別人對你的成功感興趣。
- **建立自己的俱樂部**：有時你想參加一些有價值的俱樂部，卻由於種種原因無法加入。那為何不自己辦個俱樂部呢？擬定自己的推廣計畫，建立一個新組織。邀請那些你想見的人來加入你的團體。
- **打造親密的友誼**：有多少人可以走進你家裡，自己打開冰箱找吃的？有親密的朋友，才會讓你快樂。
- **說真心話**：當你明白打破沉默最好的方式就是說心裡話後，再想打開話匣子就沒那麼可怕了。
- **分享你的熱情**：分享興趣是任何關係的基礎。當你確實對某些事感興趣時是很有感染力的。
- **將多件事安排在一起**：為了成功聯繫他人要花許多力氣，但這不表示一定要花很多時間。可以安排同一事件來節省時間。如邀請所有想見的人一起見面。
- **打造自己的「智囊團」**：找到願意盡身幫助你的有識之士。他們就是你的「智囊團」。
- **努力讓自己的付出多於回報**：因為你能為別人提供價值，別人才會與你聯絡。所以多考慮別人而不是自己。
- **為發展人際關係設定計畫**：打造交際網絡是有過程的，你的計畫應該包括以下三部分：你的 3 年目標，以及每 3 個月的進度；列出可以幫你實現每個目標的人；如何與第 2 點中列出的人聯絡。一但設立了目標，就貼在你能經常看的到的地方。

推銷的「為人」三境界

推銷的本質實際上是學會與人打交道，什麼是與人打交道，是否能說會道就等於善於與人打交道，推銷大師原一平的瘋狂推銷術中認為，在對待人的方面善於「為人」是關鍵，而「為人」又有三個境界。

「圍人」的策略境界

「圍人」顧名思義就是將更多的客戶圍住，然後進行死纏爛打的推銷。這對於初進推銷階段的人來說相當有效。

在此階段推銷員應該掌握：發掘客戶、接近客戶、推薦購買等能力。他們更像一個生意人，只要有錢賺，不管再有難對付的客戶，他們也會不斷圍追堵截。大多做養生保健產品的人採取的就是「圍人」策略。

例如曾經有家規模頗大的醫療保健公司，他們銷售收入的 80% 就來自會議推銷的形式。而所謂的會議推銷，基本上都是業內人員精心設計的圈套，只要消費進入到會議這個階段，那麼客戶多半就會被四面八方或明或暗的銷售人員圍追堵截。

有一次在客戶的宣傳會上，竟然有 60% 的人員是他們自己的銷售員，或者是花大錢請來的暗樁。孤單的客戶就像掉進可怕的陷阱中，很快被這些圍捕的人撕碎。等他們搞清楚時，所有的錢已經被搶光了。這就是典型「圍人」策略的例子。

「圍人」是基本戰術動作，所有推銷員還是該要學會，只是切忌不能將「圍人」作為推銷的終極目標，那就變成「活著是為了吃飯」這樣愚蠢的問題。

第二種策略「維人」

所謂「維人」就是要與客戶建立長期穩定的關係，而不是簡單的買賣關係。他們極有可能是朋友、夥伴、寄生等關係。這種境界無疑要比第一個境界高得多。善於「維人」的推銷員，除了掌握基本技能之外，還能掌握類似於：需求分析、關係維護、決策流程管理、危機處理等等能力。

很多推銷人員甚至企業都推崇這種「維人」策略，特別是高單價，或是需要複雜技術及售後服務的產品上，這樣的推銷內容特別重要，他們不鼓勵「竭澤而漁」，而是強調「放長線釣大魚」，他們的最終目的仍是為了獲得更多的意外驚喜。

所有能取得大客戶的推銷員都必須是「維人」高手。曾經有家做消防設備和材料的企業，他們面對的客戶常是大型建設專案，由於設備的單價高、週期長，所以無論是甲方、乙方的決策過程都很繁瑣，有時甚至涉及二三十人之多。期間任何一個小疏忽都會造成案子前功盡棄，因此推銷員必須小心翼翼觀察他們接觸的任何一個人，包括他們的關係、權力、偏好，甚至是他們家人的偏好等等。以決定到底應當如何博取他們的信任與歡心。

在這樣的大生意面前，過度焦慮會讓客戶非常不安，長期關係的維護似乎是建立客戶信任的唯一辦法。因此，這公司清楚地認知到，他們需要在策略上將關係視為重要的資源。各種有助於發掘並建立長期關係的手段都將成為投資重點。

第三境界「為人」

推銷的最高境界是學會「為人」，推銷員不光要把產品推銷出去，更重要的是要把自己推銷出去。評價一個產品相對容易，但評價一個人就非常困難。透過一個人的為人處事，可以透澈地了解他的人品，為人的問題，歸根結柢就是推銷員應該追求什麼的問題，也就是為什麼客戶能尊重我們的問題。

在人際關係中，為人的核心就是：君子愛財，取之有道。就是無論賺誰的錢，都要賺得問心無愧，都要能為別人創造價值。

在推銷中「為人」一定要實在，什麼叫實在，就是我們能創造多少價值，我們就要多少錢，如果抱著做買賣、做生意的心思去銷售，這樣的銷售永遠是暫時的。銷售應該要創造產品之外的價值，也就是這個產品由於你的存在能多賣些錢，或是由於你的存在而能多賣些貨，這就是推銷員的價值，這種價值能得到客戶的認同，並可以用金錢來衡量。

為人還應強調作人的原則，也就是什麼事能做，什麼事不能做，什麼錢能賺，什麼錢不能賺，這些都是為人的原則問題，沒有原則的人得不到別人的尊重的。任何一個人都應有最低的道德底線，包括職業底線，在這種道德底線下能長期堅持，就能為自己的人品打下鮮明的印記。

不同的推銷員的境界也不一樣，但無論處於什麼樣的境界，我們都有責任與義務引導他們邁向更高的境界，他們也會在艱難的銷售過程中，不斷修煉並修成正果。

第三章
追蹤之術，接近客戶的要訣

日本推銷專家原一平認為「生活中的每個地方都存在潛在的客戶」。客戶是推銷員的上帝。如何尋找、開發、選擇客戶，是推銷過程中不容忽視的重要一步。在激烈的市場競爭中，擁有一套開發客戶的技巧，輕易獲得穩定的客戶來源是十分必要的。不管哪一行的營銷員都有共通點，也就是皆以準客戶的多寡來決定業績好壞。其中準客戶的優劣又往往關乎市場開發，因此具備「選人」的眼光，也是成為一流營銷員的條件之一。

發現「新市場」

許多推銷員尋找客戶時可說大費周章，因此他們多半不肯將辛苦所得的資料公開分享。在這種情況下，想開拓新市場，就要將推銷生活化，生活推銷化。人生何處不推銷，將推銷融入你的生活，你就會邁上成功的新臺階。

事實上，推銷員「新市場」的開發並沒有想像中困難，只要稍微動點腦筋，多方尋找新客戶就綽綽有餘了。

有一天，原一平到一家百貨公司買東西，任何人在買東西時，心裡總會有預算，然後在這個預算內比價，尋找物美價廉的東西。忽然間，原一平聽到旁邊有人問女店員：「這個多少錢？」說來真巧，問話的人要買的正是原一平要買的東西。

女店員很有禮貌地回答：「這個要 7 萬日元。」

「好，妳給我包起來。」想來真氣人，買同一樣東西，別人可以眼都不眨一下就買下，而原一平卻得為了價錢左右思量。原一平有條敏感的神經，他竟對這人產生了極大的好奇心，決心追蹤這位爽快的「不講價先生」。

這位先生繼續在百貨公司裡悠閒地逛了一圈，他看看手錶後打算離開，而那支手錶非常名貴。

「追上去。」原一平對自己說。

那位先生走出百貨公司門口，穿過人潮洶湧的馬路，走進一幢辦公大樓。大樓管理員殷勤地向他鞠躬。果然不錯，是個大人物，原一平緩緩吐了口氣。眼看他走進電梯，原一平問管理員：

「你好，請問剛剛走進電梯那位先生是……」

「你是什麼人？」

「是這樣的，剛才在百貨公司我掉了東西，他好心幫我撿起來，卻不肯告訴我大名，我想寫封信感謝他，所以跟著他過來，冒昧向你請教。」

「哦，原來如此，他是某某公司的總經理。」

「謝謝你！」

推銷的場所沒有限制，只要有機會，你就能找到你要的準客戶。推銷員每天要做的工作就是尋找準客戶，那麼到底能在哪裡找到準客戶呢？從普通的日常生活中，只要夠用心和留心，準客戶便無處不在。

有一天，原一平工作極不順利，到了黃昏時依然一無所獲。原一平像隻鬥敗的公雞走回家去。在回家途中要經過一個墳場。在墳場入口處，原一平看到幾位穿著喪服的人走出來。他突然心血來潮，想到墳場裡走走，看看能有什麼收穫。

此時夕陽正要西下，原一平走到一座新墳前，墓碑上還燃著幾支香，插著幾束鮮花。說不定就是剛才在門口遇到的那批人祭拜時用的。

原一平恭謹地向墓碑行禮致敬。然後很自然地望著墓碑上的字——某某之墓。那一瞬間，原一平像發現新大陸似地，所有沮喪一掃而空，取而代之的是一股躍躍欲試的工作熱忱。他趕在天黑前，往管理這片墓地的寺廟走去。

「請問有人在嗎？」

「來啦，來啦！有何貴幹？」

「有一座某某的墓地，你知道嗎？」

「當然知道，他生前可是位名人呀！」

「你說得對極了，在他生前，我們有過來往，只是不知道他的家眷目前住在哪裡呢？」

「你稍等一下，我幫你查。」

「謝謝你，麻煩了。」

「有了，有了，就在這裡。」原一平記下了某某家的地址。走出寺廟，原一平又恢復旺盛的鬥志。

優秀的推銷員會及時把握機會，絕不讓機會白白溜走。總之，新市場存在任何角落裡，即使是全無生產能力的嬰兒，也是值得推銷員下功夫的對象。

巧設「禮物陷阱」迷亂客戶

日常生活中，推銷員與客戶接觸的時間十分短暫。那麼，推銷員要如何接近客戶，在短暫的時間內贏得青睞。其中利用贈送禮品的方法，可以引起客戶的注意和興趣，效果也非常明顯。

例如我們在日常生活中，發現許多上門的推銷為了很快與客戶熟識，往往會藉助敬菸的動作讓雙方親近，這就是最常見最典型的送禮接近法。以下就是幾個推銷員巧用送禮方式接近客戶的例子。

某食品品牌在尋找新的行銷代理的消息傳開後，為拿到這家大型公司生意，幾十家公司的行銷經理立刻蜂擁而至。

其中一家行銷公司的推銷員非常聰明，因為他心裡明白，如果要讓公司保有一絲希望，他必須想出一個有創意的點子。平平無奇的手段於事無補，非要給人「既有創意，消息又靈通」的第一印象才行。這位推銷員考慮了數晚之後，想出一個自認能捷足先登的辦法。

他請專人送了一盒禮物給這家公司的副總裁。盒子裡裝了各式各樣的速食麥片、即溶咖啡、即食布丁、速食洋芋泥、三秒膠、快速染髮劑、美甲貼片，還有一瓶濃縮柳橙汁。他在盒子裡附上一張手寫紙條，上面寫著：

「利用這些速成產品，或許能讓您在繁忙的一天中撥出幾分鐘與我通個電話。」

第二天早上，這家食品公司的副總裁打電話來，要推銷員給他們公司做一次行銷簡報。結果這位推銷員贏得了這家大型客戶。

在推銷產品的過程中，推銷員在向客戶贈送適當的禮品是為了表示祝賀、慰問、感激的心意，而不是為了滿足某人的慾望，或顯示自己的富有。因此在選擇禮品時，應挑選有紀念意義、又有一定特色且美觀實用的物品。

除此之外，推銷員在送禮時，還要注重那些細節呢？首先，在贈送禮品時，要確保是正當的合法產品。有些推銷員利用少數客戶貪圖小利的心理而送了仿冒品，等到客戶發現時，吃虧的還是自己。因此，推銷員選擇禮品時，要弄清客戶的喜好，投其所好找些顧客所需的東西。當然，贈送的禮品最好盡量與自己推銷的產品有共通點，比如推銷冰箱時可送溫度計，推銷高級音響可送幾張 CD，推銷洗衣機可送洗衣粉。

其次，推銷員在送禮時還要注重禮節，要考慮在不同場合，不同時令，針對不同的人贈送不同的禮物。在贈送禮品時，一般都是當面給，不可讓人轉送。但如果遇到喜事或節慶時可以郵寄或派專人遞送。同時還要附上送禮人的名片和賀詞。

但是，值得注意的是，推銷員在贈送禮品時不能違法，不能變相賄賂，尤其不要贈送高單價物品，以免被人指控行賄而使營銷人員的名譽和形象受損。

現場表演吸引百萬客戶

在現今的市場銷售活動中，現場表演法是比較傳統的推銷產品方式，如街頭雜耍、賣藝等都採用現場演示的方法招引顧客。在現代推銷活動中，有些場合仍然可以用表演的方法接近顧客。

例如，一個推銷員進入顧客的辦公室後，彬彬有禮地打過招呼，然後指著一塊黏著汙垢的玻璃說：「讓我用新上市的玻璃清潔劑擦一下這塊玻璃。」果然，噴上這種清潔劑後就能毫不費力把玻璃擦擦乾淨。這番表演立刻引起顧客的興趣，紛紛上前打聽推銷員手中的新產品。

又例如：「我可以用一下您的打字機嗎？」一個陌生人推開門探頭問道。得到主人同意後，他逕直走到打字機前坐下，在幾張紙中間，他分別夾了 8 張複寫紙，並把它捲進打字機中。

「您用普通的複寫紙能複寫得這麼清楚嗎？」他站起來，順手把紙分給辦公室的每個人，又把打在紙上的字句大聲朗讀一遍。毋庸置疑，來人是上門推銷複寫紙的推銷員，疑惑之餘，顧客很快被這複寫紙吸引住了。不言而喻的是，推銷員當場便得到一份金額可觀的訂貨合約。

推銷表演的方法是種古老的推銷術。推銷員用誇張的手法展示產品特點，從而達到接近客戶的目的。在現代行銷環境中，這種技巧仍有重要的使用價值。

如下例：一位消防用品推銷員與準客戶見面後，並不急於開口說話，而是從提袋裡拿出一件防火衣，裝入一個大紙袋，然後用火點燃紙袋，等紙袋燒完後，紙袋裡的衣服仍完好如初。這次誇張的展示讓客戶大感興趣，沒費多少口舌，這位推銷員便拿到了訂單。

又比如，一位推銷員為了向某鑄鐵廠推銷產品，在見到鑄鐵廠採購負責人後，一聲不響在負責人面前攤開兩張報紙，然後從袋子裡取出一包砂，摔在報紙上，頓時屋內灰塵飄揚。當負責人就要發火之際，推銷員不慌不忙地說：「這是目前貴廠所用的砂，是我從你們現場取來的。」說著又從袋裡取出另一包砂，摔在另一張報紙上，卻幾乎沒什麼灰塵，「這是敝公司的產品。」推銷員的一系列示範讓負責人大為驚訝。推銷員就這樣成功接近了客戶，並順利開拓了一家大客戶。

一個推銷口述錄音機的推銷員來到一個可能向他訂貨的客戶辦公室。這時客戶正忙著打電話，他讓推銷員坐下稍等片刻。在客戶打電話時，推銷員把口述錄音機的開關打開，按下錄音鍵。當客戶打完電話準備洽談時，推銷員把口述錄音機錄下的談話內容放了一遍，客戶馬上對口述錄音機產生了興趣。

從理論上說，表演接近法可以迎合某些顧客求新獵奇的心理。營銷學不僅是門科學，同時也是門藝術。而戲劇表演正是一門綜合藝術，它運用各種藝術手法激發人們的感情，在表演接近法中，營銷人員就是演員，顧客就是觀眾。營銷效果如何，就看營銷人員的演技了。一般的輪胎推銷員可能這樣平淡地介紹自己的產品：「這種輪胎貨真價實，持久耐用！」

但一個有想像力的推銷員可能會說出這樣一段充滿戲劇效果的話：「您正帶著孩子以 55 英里時速驅車快速行駛，突然感到車下出現一連串激烈顛簸，迫使您將車駛到路邊。原來您的車撞上了路面一條箝口般的長裂紋……震得你渾身骨頭都快散了，震得車上的螺絲嘎吱亂叫！但您不必擔心輪胎，只要抓緊方向盤就萬事大吉，這款輪胎可以應付任何道路狀況！」

現在讓我們研究一下，製造這種戲劇化效果要達到的目的為何：第一，它想把客戶置於一種充滿感情色彩的環境中？將輪胎與車主的安全連結起來。帶有感情的動機會比合理的購物動機更能使人購買商品。製造戲劇效果就是要盡力將人的合理購物動機轉變為帶有感情的購物動機。

第二，人們喜歡聽生動的故事。因此你可能要編出一個含有人物情節的故事，並讓你的產品成為故事中的英雄。這很能引人入勝。

最後，戲劇性的表述要比簡單的平鋪直敘更容易被聽者記住。只要借助一點想像力，所有宣傳重點都能製造出戲劇效果。

抓準客戶的好奇心對症下藥

好奇心是種推動力很強的人類天性。為此，推銷員在尋找與客戶接近的祕訣時，不妨利用準顧客的好奇心理達到接近顧客的目的。

推銷員在實際的推銷工作中，在與準客戶見面前，可以透過各種巧妙的方法喚起客戶的好奇心，引起他的注意與興趣，然後從中說出所推銷產品的利益，轉入推銷面談。

喚起好奇心的方法很多，那些能促使客戶「願意」參與的因素，包括刺激性問題、只提供部分資訊、顯露價值的冰山一角、新奇事物、利用同儕效應等等都可喚起客戶的好奇心。

某家百貨公司的經理曾多次拒見一位推銷童裝的業務員。原因是此公司多年來都進同一家的童裝，經理認為沒必要大費周折改變這建立多年的合作關係。

推銷員了解這點之後，在一次推銷拜訪中，先遞給經理一張便箋，上面寫道：「您能否給我 10 分鐘就一個經營問題提點建議？」這張便條引起了經理的好奇心，推銷員被請進門來。拿出一種新款童裝給經理看，並要求經理為這產品報個公道的價格。經理仔細檢查了每件產品，然後作出認真的答覆，推銷員也做了番講解。

裡面眼看 10 分鐘時間快到了，推銷員拎起提袋要走。然而經理要求再看看那些童裝，並按推銷員自己的報價訂了一大批貨，而這個價格略低於經理本人所報的價格。可見，好奇接近法有助讓推銷員順利透過客戶周圍的祕書、接待人員及其他相關職員的阻攔，敲開客戶的大門。

激發客戶好奇心的方法，就是顯露價值的冰山一角。這也是個效果不錯的策略。因為在客戶面前晃來晃去的價值就像誘餌一樣使他們想得到更多資訊。如果客戶開口詢問，你就達到了主要目的：成功引起客戶的好奇，使客戶主動邀你進一步討論他們的需求和你所能提供的解決方案。這種技巧其實就是利用刺激性的問題提供部分資訊，讓客戶看到價值的冰山一角。

一位英國皮鞋廠的推銷員曾幾次拜訪倫敦一家鞋店，並提出要拜會鞋店老闆，但都遭到對方拒絕。這次他又來到這家鞋店，口袋裡有份報紙，報紙上登了一則關於變更鞋業稅收管理辦法的消息，他認為店家可利用這個決定節省許多費用。

於是，他大聲對鞋店的一位店員說：「請轉告您的老闆，就說我有方法讓他發財，不但可以大大減少訂貨費用，而且還可以本利雙收賺大錢。」推銷員向老闆提供賺錢發財的建議，老闆怎會不動心呢？他必定立刻答應接見這位遠道而來的推銷員。

好奇心是人們普遍存在的一種行為動機，顧客的購買決定很多時候就是受到好奇心的驅使。因此，推銷員利用好奇心來接近顧客、招徠買家是種行之有效的好方法。

名片與廣告的妙用

在資訊如此發達的今天，推銷員可以利用廣告與名片宣傳產品，把產品的相關資訊傳遞給客戶，從而刺激和誘導客戶購買。因此，推銷員可利用名片開拓法和廣告開拓法搜尋客戶。

名片開拓法

名片是現代商業交際中不可缺少的必備工具。利用名片，也是讓推銷員得到客戶的一種好方法，以下一例就是一位頂尖推銷員利用名片獲得客戶的最好例子。

「我想告訴你們一些當我遇到新的準客戶時會做的事，其中，我的名片是個很重要的角色。如果你看到我的名片，你會注意到它的尺寸較小，正面是我的名字，背面則印著：這張卡片的尺寸取決於您最近給我的生意的數量。」

「我也有和大多數專業推銷員相同的普通名片。上面印著：壽險、員工福利、醫療保險等等。通常在我將名片遞給準客戶後，我剛離開這房間的幾秒鐘內他們就會扔掉這張名片。所以，我打算做張不同的名片。正面印著：如果您在尋找最好的，請向我搖搖鈴。你一打開這張名片，它就會發出鐘鳴聲，夠新奇吧？普通名片 1 塊錢就能買到，但效果很微弱或幾乎沒有效果。而當你用 4 塊錢做出這麼一張有鐘鳴聲的名片後，沒有人會扔掉它。他們會怎麼做？他們會把它拿給 25 個到 50 個人看，聽聽那傢伙給我的名片。它會在耳邊敲鐘，聽，它響了。而且他們不會把它扔掉。這就大有意義了。」

「我還有另一種名片叫我的電話簿。上面列出所有你能找到我的電話號碼，因為我信奉這種哲學：如果你做出很多承諾，那麼，你做到的就會更多。所以，我把自己所有的電話號碼都給準客戶：公司辦公室號碼、個人辦公室號碼，汽車電話號碼，傳真機號碼和住家電話號碼。我對他們說，如果這些電話都找不到我，那您就打電話給金斯汀葬儀社，我一定是躺在那兒的其中一個木箱裡面。」

名片，是擴大交際圈多交朋友的重要工具，希望推銷員多用善用，你會慢慢發現，你無意中發出的一張名片，可能就會為你帶來一大筆生意。

廣告開拓法

在歐美，推銷員用來尋找顧客的主要廣告媒體是郵寄廣告和電話廣告。例如，一位女推銷員認為潛在的準顧客太多，她希望把寶貴的時間花在最佳的準顧客身上，於是她向負責區域的每一個人都寄出廣告信，然後首先拜訪那些邀請她的顧客。再例如，一位房地產經紀人會定期向負責區裡的每個居民寄廣告信，打聽是否有人打算出售自己的房屋，而每次郵寄他都會發現新的準顧客。

除了郵寄廣告外，歐美推銷人員還普遍利用電話廣告尋找顧客。推銷員每天出門訪問前，會先打電話給負責區域內的每一個可能顧客，詢問當天有誰需要產品。這些做法不一定完全符合每個推銷員。但仍能參考這些推銷技術。

利用廣告開拓法尋找顧客，關鍵在於正確地選擇廣告媒體，以較少的廣告費用發揮恰到好處的廣告效果。選擇廣告媒體的基本原則，是因時、因地、因不同產品、因不同客戶，最大程度地影響潛在顧客。

例如，若推銷員決定利用報紙廣告來找顧客，就應該根據所推銷產品的特性做出選擇，既要考慮各種報紙的發行地區和發行量，又要考慮各種報紙讀者的類型。若決定選用直接郵寄方式來找顧客，最好先弄到一份郵寄名單。利用直接郵寄廣告方式找顧客時靈活多變，以盡量避免造成浪費。

利用廣告開拓法有好處也有局限性。優點在於可以藉助各種現代化手法大規模地傳播行銷資訊；推銷員坐在家中就能推銷各種商品；一條行銷廣告若能被 200 萬人看到或聽到，就等於推銷員對 100 萬人做了地毯式訪問；廣告媒體的資訊量之大、傳遞速度之快、接觸顧客面之廣，是其他推銷方式無法比擬的；廣告不僅可以尋找顧客，還有推銷說服的功能；這樣就能把推銷員從落後的行銷方式中解放出來，節省時間和費用，提高行銷效率。

而其局限性則在於客戶的選擇性不易掌握。現代廣告媒體種類繁多，各種媒體影響的對象都不相同。如果媒體選擇失誤，就會造成極大的浪費；有些產品不宜或不使用廣告開拓法尋找顧客；在大多數情況下，利用廣告開拓法尋找顧客，都很難測定實際效果。

尋找準客戶的五大方法

剛入行的推銷員，首先要面對客戶在哪裡的問題？沒有以往累積的客戶，就需要從頭做起，這就需要找客戶的特定方法，以下介紹幾種尋找客戶的方法以供參考。

- **社交接近法**：透過走近客戶的社交圈接近客戶。如客戶加入健身房，推銷員也加入；如客戶加入某社會團體，推銷員也加入這團體。這種方法的衍生做法，比如在外地旅遊遇見客戶，便即時接近客戶，此時的交談，不要開門見山地推銷產品，而是盡量先與客戶形成和諧的人際關係。比如在車站、在商場、在市集、在飛機上、在學校等公共場合，都是接近客戶的好機會。

- **利用事件法**：把事件作為機會，並作為接近客戶的理由。諸如慶典、酬賓、開業典禮、產品上市週年活動、客戶的同學會、客戶所在學校的校慶、各種節日與節日活動、奧運、考試，甚至是自然災害、危機事件等等，都是接近客戶的最好時機與素材，當然事先知道客戶的背景資料以及社交偏好很重要。比如新進推銷員知道客戶是 XX 學校 1998 年畢業，他們正在籌辦同學會，客戶在當年的同學圈中很活躍。就可用同學會為理由接近客戶。比如醫藥業經常召開學術研討會，藥廠新人業務就可以會議邀請為由接近醫生。
- **服務接近法**：推銷員透過為客戶提供有價值並符合客戶需求的某項服務來接近客戶。具體的方法包括：維修服務、資訊服務、免費試用服務、諮詢服務等。採用這種方法的關鍵在於，服務應是客戶需要並與所銷售的商品有關。比如，藥廠業務可以這樣說，李老師，聽王主任說，您最近正在研究 XX 疾病的藥物經濟學問題，我這裡帶來一些關於這方面的最新資料，我們可以花 10 分鐘一起討論嗎？
- **4. 他人介紹法**：透過他人幫助接近客戶是非常有效的方法。這方法的背後是社會學中的熟識與喜愛原理，這個原理的意思是，人們都會答應自己熟識與喜愛的人提出的要求。用這種方法接近客戶的成功率高達 60% 以上。這方法分為親自引薦和間接引薦兩種形式。他人間接引薦主要包括電話、名片、信函、便條等形式。推銷員拿著他人的間接介紹信物接近新客戶時，需要注意謙虛，不要居高臨下。也不要炫耀與介紹人之間的關係如何密切。可以在真誠地稱讚客戶的話語中引出他人的介紹，比如：XX 老師說您是個很關心患者利益的好醫生，他介紹我來拜訪您，這裡有他給您的一張便箋。
- **資料搜尋法**：資料搜尋法是推銷員透過搜尋各種外部消息資料來識別

潛在的客戶以及客戶資訊。利用資料進行搜尋的能力被專家稱為搜尋商數（search quotient，簡稱搜商）。搜商高的推銷員，還沒見到客戶前就已知道客戶的絕大多數資訊，如客戶擅長的領域、客戶的電子信箱、生日、籍貫、畢業學校、手機號碼、職務等。不見其人，卻知其人。再根據這些資訊設計拜訪時提問的問句，拜訪時該注意的細節以及開場白等。還可根據客戶資訊，初步判斷客戶的個性行為風格，為與客戶見面時做到「一見鍾情」埋下伏筆。搜尋的工具很多：如網路搜尋、書報雜誌、專業資料等。

開發新客戶需要注意的問題

推銷員在尋找潛在客戶時，應該注意以下五大事項的內容。在推銷產品的過程中才不會誤入歧途。

- **誰有購買決定權**：展開推銷過程前，要先和客戶確認幾件事：第一，要確定與你面談的是不是有決定權的人。每當你打電話到一家公司時，必須經由接待員決定所找的人是不是具有購買決定權的人，當你見到或和這位潛在客戶說話時，你可以直接問他是不是有購買決定權的人，如果客戶告訴你他不是，那麼你就該尋求進一步的資訊以見到那位有購買決定權的人。如果你一開始就找錯了人，那麼再好的銷售行為也不可能產生好的結果。
- **終極利益原理**：你必須確定自己要告訴他的事是他有興趣的，或對他來講是重要的。所以當你接觸客戶時，你所講的第一句話就該讓他知道你的產品和服務最後能帶給他哪些利益，而這些利益也是他真正所需要和有興趣的。

- **10 分鐘原理**：你和客戶談話時，要清楚地告訴客戶不會占用他太多時間。現在的人都很忙，都很怕浪費時間，他們最怕有個業務員來對他說些不需要或不感興趣的事而占去他寶貴的時間。所以如果客戶覺得你會占用他太多時間，那麼他從一開始就會產生排斥感。
- **確認你的約會**：第四個要注意的事情是，每次去拜訪客戶的前一天，或是出門前的一、兩小時，一定要打電話與客戶確認你們的約會，這件事非常重要，許多情況下，客戶可能會有突發情況而更改時間，但他們不會告訴你。所以永遠要記住在赴約的前一天打電話給客戶確認你們的約會。許多業務員常因忘記做這件事，當他們興致勃勃到了客戶那裡時，發現客戶根本不在辦公室，或是客戶正在跟別人談事情。此時你不但錯失了最佳的銷售機會，也同時浪費了自己許多時間。我們稱這種情形為「無效率的營銷」。

  每當你打電話與客戶確認約會時，如果客戶告訴你他臨時有事而無法和你見面時，你馬上要做的事，就是和他確定下次見面的時間，在未確定下一次見面時間前，你不應該把電話掛掉。
- **電話行銷**：電話最能突破時間與空間的限制，是最經濟、最有效率的開發客戶工具。您若能規定自己每天找時間至少打 5 通電話給新客戶，一年下來就能增加 1,500 個與準客戶接觸的機會。

初見面的七秒鐘決定你的生死

有人常說，某某和某某是一見鍾情成就的姻緣。所謂的一見鍾情就是兩人初次見面，在大概 7 秒鐘內就能對比做出的評價。這種印象主要來自人的眼睛，而無需透過語言。在此意義上說，你有 7 秒鐘的時間來給顧客創造良好的第一印象。所以，要特別珍惜這最初的 7 秒鐘。在這 7 秒鐘裡，要學會用眼睛說話。

推銷員要想成功地推銷產品，首先要成功推銷自己。一般情況下，客戶都不願將時間浪費在一個自己不喜歡的人身上，那麼他又怎麼願意買你推銷的產品呢？

有關心理學方面的研究表示，人們對他人或是事物在 7 秒之內的第一印象可以保持 7 年。給他人留下的第一印象一旦形成，就很難改變，所以說是否給客戶留下良好的第一印象對於接下來的相互溝通很重要。

根據相關資料顯示，推銷員失敗，80% 的原因在於沒有為客戶留下良好的印象。也就是說，很多時候，在你還沒開口介紹產品之前，客戶就已經決定不與你進行下一步的溝通了。

「好的開始等於成功的一半」。初見面的幾秒鐘就能決定你的生死，所以要學習一些見面技巧。下面有一些初次見面的技巧可供推銷員參考。

▍利用首因效應，在第一次見面時留下好印象。

在人與人的交往中，我們常常會說或者會聽到這樣的話：

「我從第一次見到他，就喜歡上了他。」

「我永遠忘不了他留給我的第一印象。」

「我不喜歡他，也許是留給我的第一印象太糟了。」

「從對方敲門入室，到坐在我面前的椅子上，就短短的時間內，我就大致知道他是否合格。」

這些話說明了什麼？說明大多數的人都是以第一印象來判斷、評價一個人的。對方喜歡你，可能是因為你留給他的第一印象很好；對方討厭你，可能是你留給他的第一印象太糟。這就是所謂的首因效應。

首因效應，也叫做「第一印象效應」，是指最初接觸到的資訊所形成的印象對我們以後的行為活動和評價的影響。通常，人在初次交往中給對方留下的印象很深刻，人們會自覺地依據第一印象去評價某人或某物，今後與人、物打交道的過程中的印象都被用來驗證第一印象。第一印象既可助某人或某事成功，也可令某人某事失敗。

心理學家認為，第一印象主要是一個人的性別、年齡、衣著、姿勢、面部表情等「外部特徵」。一般情況下，一個人的體態、姿勢、談吐、衣著打扮等都在一定程度上反映出這個人的內在素養和其他個性特徵。為此，與人初次見面，應對自己的一舉一動、一顰一笑多加注意。

善用「近因效應」，讓對方將不快改為好印象

「近因效應」是指交往中最後一次見面或最後一瞬給人留下的印象，這個印象在對方的腦海中也會存留很長時間，不但鮮明，且能左右整體印象。如果你在與人初會的過程中，犯下了某種錯誤，或是表現平平的話，可以在分手之前，做一個良好的表現，以改變對方對你原來的印象。只要你的表現得體，不管原先的表現如何，都可以獲得補救，甚至留下永生難忘的印象。

日本前首相田中角榮是個懂得心理學的政治家，他非常善於處理事務。對付各種請願團，他更是有一手。他有一個習慣，如果接受了某團體的請願，便不會送客；但如果不接受，就會客客氣氣地把客人送到門口，而且一一握手道別。田中角榮這樣做的目的是什麼呢？是為了讓那些沒有達到目的的人不埋怨他。結果也如他所願，那些請願未得到接受的人，不但沒有埋怨，反而會因受到他的禮遇而滿懷感激地離去。

善於傾聽是贏得對方好感的關鍵

傾聽是人際關係的基礎。傾聽是我們獲取更多的資訊，正確地認識他人的重要途徑。古人日：聽君一席話，勝讀十年書。一個人如果總是張嘴說，學到的東西會很有限，了解的真相會少得可憐。相反，如果善於傾聽，樂意分享別人的資訊與情感，別人也會樂於給出建議。由此，你會學到很多東西，發現許多思考問題與解決問題的新方法。

在一次家庭聚會上，家庭主婦想看看到底多少人能做到用心傾聽，在呈上蛋糕時，她對那些正談論得熱火朝天的客人們說：「蛋糕來了，我在裡面加了點砒霜，你們嘗嘗好不好吃。」居然沒有一位客人對此有所反映，他們繼續談論，還一個勁地誇蛋糕好吃。

只有用心傾聽，我們才能獲得說話者所要表達的完整資訊，也才能讓說話者感受到我們的理解與尊重。用傾聽向對方表達的是：「我關心你的遭遇，你的生活和經歷是最重要的。」

「一來就走」的絕招

原一平在推銷保險時經常使用怪招、巧招。他認為世界上的人都喜歡有趣的交談者，這樣自然會和你建立深厚的親和力。

碰到傲慢可氣的客戶，有的推銷員掉頭就跑，「惹不起躲得起」。也有的推銷員知難而上，征服對方。但不論是可氣還是可惡的客戶都必須要笑臉相迎，這是做推銷員最為痛苦的地方。為此，為了讓準客戶喜歡自己，推銷大師原一平設計了一套特別的怪招「制服客戶」。

有一次，原一平拜訪某公司的總經理。原一平在拜訪時一定會做到周密的調查。根據調查顯示，這位總經理屬於「自大傲慢型」的人，脾氣很怪，沒什麼嗜好。這是一般推銷員很難應付的客戶。不過對於這類「怪人」，原一平早已成竹在胸。

原一平向櫃檯小姐報名道姓：「您好，我是原一平，我已經跟貴公司的總經理約好了，勞煩您通知一聲。」

「好的，請稍等一下」。

接下來，原一平被帶到總經理辦公室。這位怪怪的總經理正背對著門坐在轉椅上看文件。總經理轉過身，瞟了原一平一眼，又轉回原來的位置，繼續看他的文件。

就在彼此眼光接觸的那一瞬間，原一平心中極不是滋味。忽然原一平大聲地說：「總經理，您好，我是原一平，今天打擾您了，我的一分鐘拜訪結束，下次再見。」

總經理轉過身來愣住了，「你說什麼？」

「我告辭了，再見」。

這位古怪的總經理顯得有點驚慌失措。原一平站在門口轉身說：「是這樣的，剛才我跟櫃檯小姐說給我一分鐘時間，讓我拜訪總經理。我現在用完了一分鐘的時間，所以向您告辭。謝謝您，改天再來拜訪您，再見。」走出經理辦公室，原一平早已急出一身汗。

過了幾天，原一平又硬著頭皮做了第二次拜訪。

「嘿，你又來了，前幾天怎麼一來就走了呢？你這個人蠻有趣的。」

「啊，前幾天，打擾您了，不好意思。我早該來向您請教。」

「請坐，不要客氣。」

由於原一平採用「一來就走」的妙招，這位不可一世的準客戶終於喜歡上了眼前的這位矮個子推銷員。為此，原一平總結出推銷的技巧：「給對方留下疑問，讓對方莫名其妙地對推銷員產生好感。」

採用「以退為進」的戰術

推銷員如果遇到特別難纏的客戶，此時已經無力回天，那麼只有採取以退為進的方法。如果只會一味蠻進，那麼則猶如逆水行舟不進則退。人總有犯錯的時候，問題是犯錯之後，要懂得隨機應變，靈活反應，以便挽回劣勢，反敗為勝。

以下是推銷大師原一平採用「以退為進」戰術的例子。

有一天，原一平去拜訪一家菸酒店的老闆。這家菸酒店是不久前新加盟店的客戶，只不過投保額很小。由於已經成為準客戶，此次是第二次拜訪。原一平自然比較輕鬆鬆懈，以至於把原來頭上端端正正的帽子都戴歪了。

原一平邊說晚安邊拉開玻璃門，應聲而出的是菸酒店的小老闆。雖然是小老闆，但年紀也不小了。

小老闆一見原一平就生氣地大叫起來，「喂，你這是什麼態度？懂不懂禮貌，帽子戴歪了來見你的客戶嗎？你這個臭流氓。我非常信任明治保險公司，也信任你。沒想到我所信任的公司的員工竟然那麼隨便無禮。你出去吧，我再也不會買你的保險了。」

聽完這句話，原一平恍然大悟。馬上雙腿一屈，立刻跪在地上。

「哎，我實在慚愧極了，因為你已經投保，不由自主地把你當成了自己人，所以太任性隨便了，真是抱歉。」

原一平繼續道歉說：「我的態度實在是太魯莽，不過我是帶著親人的問候來拜訪您的，絕對沒有輕視您的意思。所以請原諒我好嗎？千錯萬錯都是我的錯。」

小老闆突然轉怒為笑：「喂，不要老跪在地上，站起來吧，站起來吧。

其實我大聲罵你是為你好，我是不會介意的。不過如果你想這樣子去拜訪別人，別人一定以為你沒有誠心。

接著，他握住原一平的雙手說：「慚愧，慚愧，我不應該這樣對你，咱們是朋友，我也太無禮了。」

兩人愈談愈投機。小老闆說：「我向你發脾氣實在是不好意思，我不是已經投過 5,000 元的保費了嗎，我看就增加到 5 萬元好啦。」

依此情況，推銷員要隨時做好準備，萬一碰到類似的情況，要能及時觀察準客戶的心態反應，扭轉局勢，反敗為勝。

推銷員應付客戶的方法很多，但是要想推銷自己的產品，得針對不同的客戶特點，用不同的推銷方法，其中，以退為進是比較成功的一種。

「打一巴掌，給個甜棗」

「打一巴掌，給個甜棗」，人們常將這句話應用到經商領域裡，就是「貨賣回頭」法。當然，這只是個比喻，不可理解為是「宰」顧客後再給甜頭。此法運用起來很簡單，比如，顧客買了你的商品，臨走時，你額外給他一點好處，讓他覺得占了便宜，產生愉快的情緒，下次肯定還會光顧你的商店。

有這麼一件事：有幾位朋友經常相聚吃飯，前去一家叫「四季香」的飯館，每次老闆都熱情地招待他們，臨走結帳時總是說，「還是朋友價，零頭去掉，湊個整數吧！」反映到帳面上，這個零頭沒多少錢，但那幾個朋友心裡都很舒服，同時又覺得過意不去，好像占了老闆的便宜。下次再一起吃飯時，大家都不約而同地想到這家飯館。其實，這幾個朋友並沒有佔到絲毫便宜，反倒是每頓飯必定讓飯館老闆賺了錢。但老闆「打」在暗處，「甜棗」給在明處，讓人覺得受用。大凡人都有貪小便宜的弱點，精明的經營者就是利用顧客的這一弱點，經常施點小惠，從而使新顧客成為回頭客，老顧客經常光臨。生意人不會做賠本買賣。從表面上看，他們扔出「甜棗」賠了錢，但明眼人一看便知羊毛出在羊身上，只要回頭客多了，這點錢很快就會成倍地賺回來。

「貨賣回頭」的關鍵在於「甜棗」，給顧客多少「甜棗」，給什麼樣的「甜棗」，這裡也大有學問。舉例來說，飯館的老闆捨去一個零頭，僅僅是個零頭，不能去掉整數，太多反而會使顧客生疑，從而產生誤會。給多少一般得根據售出商品的價格或經營所獲的利潤來決定，盡可能適度，因此，「甜棗」的多寡是很有講究的。

至於選擇什麼樣的「甜棗」，那就要根據具體情況而定，只是要遵循一個原則：讓顧客欣然接受，真正覺得嘗到甜頭。其實，真正的「甜頭」不在於一些小技巧，而在於良好的商業環境、服務品質、商業道德、商品品質和周到的售後服務等等，這才是吸引回頭客的根本原因。無功不受祿，無勞不受惠是起碼的作人原則。

因此，有些公司便利用這點，在生意還未開始的時候，先請客戶吃頓飯，或者先送點小禮品給客戶，以提高買賣成交率。

「地毯」式追蹤術

「地毯」式追蹤法又稱為「闖見訪問法」，這是推銷大師原一平認為最笨但最有效的方法。這種尋找客戶方法的理論依據是「平均法則」。其原理是：如果拜訪做得徹底，那麼總會找出一些準客戶，其中總會有一筆成交。換句話說，推銷員所要尋找的客戶，會平均分散在某一特定區域或所有人當中。

因此，推銷員在不熟悉環境或推銷對象的情況下，可以直接拜訪某一特定區域或某一特定職業的所有個人或組織，進而尋找自己想要的準客戶。

推銷員採用「地毯」式追蹤客戶，首先要有合適的「地毯」。也就是推銷員應該根據自己所推銷商品的特性和用途，進行必要的銷售工程可行性研究，確定一個比較可行的銷售地區或銷售範圍對象。如果推銷人員毫無目標，則猶如大海撈針，很難找到幾位客戶。

此種方法適於推銷各種生活消費品，尤其適用於推銷必備的日用工業品和人人必需的各種服務。如推銷各種家庭生活用品、意外保險服務等。實踐證明，只要推銷員善於掌握時機，「地毯」式追蹤也是一種無往不勝的成功方法。

有些成功的推銷員認為，當客戶家裡的門鈴被他們按響時，推銷員總是好像聽到自己口袋裡錢幣的響聲一樣，特別興奮。

但是，「地毯」式追蹤客戶的最大缺點在於它的盲目性。採用「地毯」式方法尋找客戶，通常是在不太了解或完全不了解的情況下進行的拜訪。儘管有的推銷員在拜訪前做了某些準備，但仍難免會有盲目性。如果推銷員過於主觀，判斷發生錯誤，則會浪費大量的時間和精力。

此外，在很多情況下，有些人不喜歡不速之客。由於使用「地毯」式追蹤客戶時，推銷員沒有事先通知客戶。而拜訪是在客戶毫無心理準備的情況下進行。客戶往往會拒絕接見，從而給工作帶來很大阻力，也會給推銷員造成很大的心理壓力。

第四章
人性之術，了解不同類型的客戶

原一平在推銷過程中總結出的經驗認為：不同的人有著不同的心理特徵，因此推銷員在與性格迥異的人打交道時，需要用不同的方式才能保證合作順利進行。如果事先沒有認真分析客戶的性格特徵，並且未根據這些特徵做出相應的應對策略，結果往往會不盡人意。因此，推銷員在提升自己的業務水準時，一定要有「識人」的能力，根據不同類型的客戶採取相應的推銷策略，這樣才有可能成功。

刁蠻型客戶

刁蠻型的客戶在第一次來往時往往會表現得很好，顯示自己是來自一個有良好聲譽和實力的公司。有時會出現爽快答應簽訂保單的情況，這樣的客戶在和推銷員交談的過程基本上是不會準備資料的，希望所有資料由推銷員自己準備，也不會在價格上斤斤計較，在品質方面也不會提出苛刻的要求。

這種人會想盡辦法設個陷阱，找藉口說時間很緊急，其實等你真正解說完，他還是沒有想買的意圖，並會用一些無關緊要的問題干擾你的思路，盡量使推銷員的說明出現問題，到時好抓出把柄找麻煩。

對於這類客戶應採取的方法便是，推銷員在所有操作過程中都要積極客觀，不能被動，價格是多少就多少。產品操作前一定要讓客戶親自確認並承諾，否則絕不可輕易操作。對於客戶要求的時間也不可隨便承諾，而對自己造成壓力。總之，對這樣的客戶，一定要先小人後君子，不可輕忽大意。因為這樣的客戶不是窮鬼騙子就是壞心眼的狼。

做過推銷行業的人或多或少都遇到過刁蠻型客戶。這種客戶既小氣又刁鑽，但他的公司品牌響亮，如果拿下這樣的客戶可以提升你的知名度。因此，遇到刁蠻型客戶時應該屈就一下，暫時把他們當作上帝。至於那些既沒多少實力又不講理的客戶，就該用取適當的方式給點教訓。

推銷員在與刁蠻型客戶開會時，他們往往會在桌面堆著一大堆資料讓推銷員篩選，提前做出計畫。在這期間，他們會百般刁難，即使答應下單，付款也會一拖再拖，浪費推銷員大量的時間和精力。對待這類客戶，千萬不可大意，一開始就不能一味滿足其需求，你越滿足他，他的無理要求就越多，要學會拒絕。

除此之外，也不要被他們的氣勢嚇倒，而是該就事論事，指出解決問題的關鍵。並在一招內擊中客戶的要害，這樣再刁蠻的客戶也會乖乖開始配合。

貪小便宜型客戶

經常有推銷員抱怨：「做了這麼久的保險銷售，工作中常會遇到一些愛貪便宜的客戶，無論是否合作，總是喜歡提出許多要求，有時還會索取禮物。如果沒有禮物，合作就會告吹。這就讓推銷員無法正常推進工作。

這種愛貪小便宜的客戶，主要特徵有：他們在人們面前表現得很大方，但總在心裡盤算自己的得失。對於推銷員推銷的產品，他們大多希望能在原定的基礎上再降些價格，如果能免費使用那就更好。

這類客戶通常會表現得無所謂，有時甚至告訴你，他的某個朋友或親戚也在做同樣的產品，以此暗示你應該降價或給他適度優惠，比如贈品之類的。

有一個家電行，店裡除了家電以外，還陳列著各式物品，有靠枕等小型家居用品，有鹹蛋超人等兒童玩具，還有許多小工藝品、軟體等等，非常之多，使得店裡顯得雜亂不堪，但這家店的生意卻非常好。

當客戶來買家電時，經過一番講價，客戶累了坐下喝杯茶，會發現這裡的茶味道很好。等到終於談定生意，顧客要走的時候，忍不住問店主用的是什麼茶葉，這時店主就會送客戶一包茶葉。顧客意外得到店主的饋贈，心裡當然特別高興。其實，店主早就買了許多茶葉存在店裡。如果客戶帶著孩子一起來，那能引起孩子興趣的東西就更多了，店主到時可送的東西也就更多。但是，店主不會主動送東西給客戶，而是要等客戶看中店裡某樣東西並提出要求時，店主才會「慷慨」地送給客戶。

如果推銷員發現客戶在購買產品時有愛占小便宜的習慣，就要立即採取措施，如果公司沒有促銷折扣活動也可直接告訴他，希望對方能夠理解。

貪小便宜型客戶在商品或服務推銷中有極重要的地位，如果可以好好利用這個弱點，在各種節日或特殊季節針對顧客不同的心態制定不同的推銷策略，比如用特價產品或促銷活動等一系列看起來「便宜」的機會來制定推銷策略，等著顧客「上鉤」，那時，主導推銷活動的就不再是顧客，而是推銷員。

理智型客戶

一般認為理智型顧客頗為「冷酷」，他們會淡化對新事物和刺激性語言的衝動，表現出沉澱後的冷靜。他們通常沒興趣理會與自己沒有利益關連的人、事、物。這類型顧客做任何事都喜歡有目標，購物也是一樣。理智型顧客非常實際，他們看待產品最在乎的只有兩樣：價格和產品性能。

理智型客戶主要特徵有：他們冷眼看世界，超脫情感，喜歡思考分析，對物質要求不高，重視精神生活，不善於表達內心感受，想藉此獲得更多知識來了解環境。而面對周遭事物，他們想找出事情的脈絡與原理來作為行動準則。有了知識，他們才敢行動，也才有安全感。他們的思考模式是：當要解決問題或做出決策時，會習慣預先蒐集所需的大量資料和數據，或請教有經驗的專家。將多方資料蒐集起來綜合分析，然後從這些資訊和數據中找出規律。

理智型的客戶辦事比較理智、有原則、有規律，這類客戶不會用關係好壞來選擇供應商，更不會因個人情感選擇對象，這類客戶大多工作細心負責，他們在選擇供應商之前都會在心裡適度考核比較，以得出理智的選擇。

對於這種客戶不可用強行推銷、送禮、拍馬屁等方式；最好、最有效的方式就是坦誠、直率的交流，不可誇大其詞，該怎麼樣就怎麼樣，把自己的能力、特點、產品優勢與劣勢等直觀地展現給對方看。給這類客戶的承諾一定要做到，能做到的也一定要承諾，這就是最好的推銷方式。

美國有一個名叫格里斯曼的推銷員，他一直都是安全玻璃的業績冠軍。

在一次頒獎大會上，主持人問他有什麼獨門方法。他說：「每次我去拜訪客戶時，都會隨身帶幾塊安全玻璃和一把小鐵錘。我會問他：『你相不相信安全玻璃？』如果客戶說不相信，我就把玻璃放在他們面前，然後拿錘子往玻璃上一敲。當他們發現真的沒有碎裂時都很驚訝。這時，我就趁機問他們：『你想買多少？』最後，買賣往往直接成交，而整個過程還不到一分鐘。」

由此可以看出，推銷員在面對理智型客戶時，一定要以理服人。如果無法拿出理性的話語，會讓客戶認為自己的專業知識不夠，從而失去客戶的信任。因此，想要打動這類客戶的心，一定要先給客戶想要的東西。

標新立異型客戶

一般情況下，大部分上班族的辦公桌都很乾淨整齊，一進辦公室就能感到濃厚的工作氛圍。但如果走進另一間辦公室，辦公桌上亂糟糟的，很容易看到大量私人物品，各種文件或是紙張散放在桌子各個角落，辦公室裡甚至有看來很舒服的軟皮沙發與茶几等，那麼碰到的這類人就屬於標新立異型。

標新立異型客戶好在人前表現，受人誇獎。一般表現為穿著時尚，個性突出。而且會或有意或無意地把身上有特色的東西刻意展示在別人面前。而交談時，他們眉飛色舞、肢體語言豐富，表現地朝氣蓬勃。對於談話內容，則大多與工作無關，他們喜歡抒發內心情感，對奇聞異事及新鮮時髦的話題高度敏感。他們個性比較自由，有很多個人想法，喜歡廣交朋友，是人際關係的高手。他們的行為不拘小節，所以也會經常遲到。

與這類客戶溝通時會發現，他們根本不會注意傾聽推銷產品的品質與特點，而是關心什麼人在用這產品。如果是他的朋友或同行競爭者也在用你的產品，那麼他也會順利買下。因為他們會把購買的行動當作表現地位及身分的象徵。

很多標新立異型客戶在買名牌產品時，往往會忽略這些產品的使用功能，他們注重的往往是這些產品所表現的身分象徵。

因此，與這類客戶溝通交流時，重要的是要有吸引他們注意力的好口才。談話時，話題一定要廣，天文地理、奇聞異事、時政經濟都可作為談話的切入點。在談話過程中，也要以輕鬆的方式溝通。讚美的技巧很重要，其次便是營造輕鬆自由的推銷氛圍，可與客戶到比較輕鬆的地方如咖啡館或茶館等以促成交易。

在與他們溝通時，如果你表現得口若懸河，肯定對方提出的話題並加以補充，能找出話題的「新鮮點」，讓對方覺得你知識廣博，就能引起他們對你的潛在崇拜。

此刻應該適時加入產品介紹，讓他開始關注你的產品，這樣合作成功的機率就會大增。但值得注意的是，介紹產品時，一定要注意渲染，比如說某某知名人士也用同款產品等，無形之中也能促進交易成功。

沉默寡言型客戶

沉默寡言型客戶是推銷中最難拿下的一類，因為不管你多熟練地介紹產品，他們依舊漠不關心，只會用一兩句話應付了事。

推銷大師原一平指出：推銷員只有與客戶溝通過後，才能知道他有無購買意圖。而碰到那些沉默寡言的人，就必須在他的肢體語言中捕捉到你需要的資訊。

有的客戶不愛與人溝通交流，雖然寡言少語，但態度不錯。對於推銷員的到來，從始至終都微笑以對表示歡迎，甚至有些過火的言詞，如帶煽動性、強迫性的話，像是「錯過這機會你會後悔」；「有了它會比較保險，免得以後出事」。這些話在平時都會惹客戶反感，但他依然不慍不火一臉和氣，不見一絲怒色，更沒有「打發你回家」的意思。

按常理分析，態度這麼好的客戶並不多見。而在態度好的背後他始終沉默不語。總讓人感覺他對這樁交易有意思，而且他又那麼像要立刻與你協商，好像千言萬語已到嘴邊，但就是迸不出一個字來。那麼，為什麼他們沉默寡言，不願與人交流溝通呢？

- **不善於表達自己的意見**：每個人都有長處，同樣也有不足的方面。這類客戶在談話方面拙於言辭，不擅長語言表達，嘴上不行，乾脆就以沉默來對待對方。
- **認為多說無用**：這種心理是與生俱來的，這種人在出生後就一直沒有說話的習慣。與別人交往的過程中，長期以不開口的狀態示人，所以他早早就將自己定位為「聽眾」。
- **他的神情已表示了自己的意見**：這種心理的客戶既不缺乏語言表達能力，也不是不愛說話，他是碰上了想說卻不能說或很難表達的事。他只好換種方式，用「肢體語言」來表達他的意思，不同於口頭表達的是，他的這種「肢體語言」所表達的意思，往往與他心裡的真實感受相反，如他和藹可親，滿臉笑意，但其實他此時內心可能十分憂慮或很不耐煩。

那麼，在遇到這種不善言詞的客戶時，是繼續介紹產品？還是轉身走人呢？如繼續介紹，他會報以微笑，依舊專心聽著，對買東西的事卻絕口不提。推銷大師原一平就遇過這種客戶。

原一平認為，遇到這種客戶時，要從他的肢體語言和神態來分析。從觀察外表來抓住他們的心理。如果你是個洞察力很強的人，就可在時機成熟時拿出產品向他展示。如果客戶覺得有用，會毫不猶豫的在協議單上簽下這份訂單，如果沒有絲毫興趣，即使說得再多也無用，表示他沒有興趣。這種做法在神經語言學上叫強迫性交易法。

要完成對上述類型客戶的推銷，關鍵在於推銷員是否真能捕捉到客戶的真實意圖。正所謂「知己知彼，百戰不殆」，掌握對方的心理動向，是制勝的根本。

要想捕捉此類客戶的真實意圖，需要講究方法。首先，察言觀色，透過對客戶的表情、動作的研究，捕捉那些暗藏在其肢體語言中的資訊。所謂觀察，不光看對方的舉動，還要與他前前後後的綜合反映連結起來，做出縱向比較。

專家型客戶

對於現在的推銷行業，客戶都或多或少的了解一部分。尤其是推銷保險時，有的人遇到保險業務員就立刻開口說：「我懂的還比你多」，比如保險有多少種，保費多少等等，說得頭頭是道，弄得推銷員一頭霧水，繼而轉頭走人。

推銷大師原一平認為，這類自以為專家的客戶，就像上司在做簡報一樣，令你毫無對策。當你向他推銷產品時，他卻表現出不屑一顧的態度，總認為你懂的都在他的知識範圍之內。當你轉移話題，將說話的層次轉移到較高層面，他也不會感興趣，反正「我是專家，我怕誰」。有時他們還會說些尖酸刻薄的話，讓推銷員下不了臺。對於專家型客戶，他們自大的心理往往有兩種情況：

- **業務員有什麼了不起，懂得還沒我多**：專家型客戶，總以為自己高推銷員一等，認為與他們有很大的差距，內心就會產生優越感。他們自認為自己是高一層次的人，對低一等的人不屑一顧，特別是對保險業務員也是如此。

  這類客戶會形成這樣的心態，是源於對業務員的厭惡，特別是登門拜訪的業務員。因此，他們會以狂妄自大的態度對待業務員，覺得業務員層次比自己低。
- **不與業務員接近**：對於高高在上的人，不容許別人涉及自己的缺點，同時也會將自己的弱點深深掩藏起來。這類人假裝對某領域很專業，但其實可能只是道聽途說。然後以高姿態對待推銷員。向推銷員轉達的意思也就是：「快走吧，我已經知道了，不必再介紹了」。

因此，推銷員遇到「專家型」客戶時，一定要清楚他們形成這種態度的原因。通常人的氣質性格的形成與後天環境有很大關係。這類客戶由於害怕自己跳進你的「陷阱」，怕被強迫買賣，所以不敢讓推銷員介紹。這是一種不得不用的自我防衛手段。但同時他也想引起別人的注意，希望能得到好評。為此，他們令人很難友善的來往，更別提說幾句俏皮話之類的。

但如果推銷員對他們做些研究，便不難發現這類客戶是最好「拿下」的一種。只要採取適當的方式，那麼離成功簽單就不遠了。

「你別說了，我說你來聽」。

「好的，我向您請教了」。

當客戶說完後還要讚美一番，「您很了解我們的產品啊，不錯，您說的不錯，是這方面的專家」。

當客戶正陶醉時，你可突然提出問題，「王先生，您對這產品的知識還了解多少呢？」如果他還知道，就讓他接著說。當他說「不知道了」，此時推銷員便可發表自己的意見。

「既然這樣，那我站在客觀角度幫您補充幾點可以嗎？我覺得您對我們的產品很感興趣，應該會聽我把話說完，是嗎？」不讓他回到現實中，讓他繼續漂浮在自大的浪尖上。此時，他一定會回答：「請說」。

這樣你便可成功地攻破他的第一道防線。推銷大師原一平告誡廣大的推銷員，在沒有說話機會時，不妨靜下來聆聽，巧妙思索客戶的內心，化被動為主動。

關係型客戶

對於關係型客戶，他們是先有了朋友關係後再促成業務往來的。這樣的客戶操作，如果不掌握這種介於朋友和客戶間的尺度，很容易導致業務沒做好，連帶朋友也疏遠了。尤其是在服務業，朋友介紹朋友，朋友需要幫忙等情形時常都會出現。

因此，基於朋友關係，推銷員應採取的對策是：不該收的錢千萬不收，該收的一定要談好。幫忙和賺錢兩者一定要分開。如果總是遇到喜歡占便宜的朋友或客戶，就一定要注意小單子可以幫忙，大單子需要花費一定的成本費用，要嘛就在雙方談好後一切按正規方式操作，要嘛就委婉地推掉。千萬不可想著只賺小便宜而忘了朋友的情面。

推銷員在與關係型客戶打交道時，就像在追喜歡的女孩一樣。先找機會相處，接著送禮物收買芳心，在求婚時表明自己的決心，許她一個幸福的未來。推銷員在與客戶交往時亦是如此。

與客戶初次見面或交情尚淺時，不能開門見山直奔主題，不好要求「請你向我買下 100 萬的訂單」。這就好像我們在大街上遇到漂亮的女孩，雖然看著喜歡，但不可以跑上去跟她說：「請你嫁給我吧」。

追求女孩的臉皮要厚，有耐性，推銷員對待客戶也應如此。要緊盯不放，但又不能使其產生反感。

推銷大師原一平是名出色的推銷員。他除了管理各家銀行的產品外，還要對理財師進行培訓和管理，與客戶進行溝通。他經常對理財師說，要注重與客戶的溝通，要為初次購買產品的客戶細心講解：「客戶不只是讓我們有錢賺，更是我們的朋友。我們希望的不僅是客戶為了買某樣產品才找到我們，而是心甘情願地接受我們的服務。要主動了解客戶的生活需求，主動給予幫助。」為此，原一平制定了所謂「五步走」的成功訣竅。

第一步：初次拜訪，沒被趕出來；

第二步：給對方名片沒被當場扔掉；

第三步：客戶肯給你一張名片；

第四步：肯給你五分鐘介紹產品；

第五步：肯接受你的邀請吃一頓飯。

這五步都代表某個階段性的成功，這樣容易給自己安慰和滿足感，看似是阿 Q 勝利法，卻也是推銷員成功必須具備的心理特質。

我們為人辦事講究的是一個「情」，只要有 「情」在，事情就會辦得比較順利。在客戶關係上也是這樣，假如推銷員和客戶之間的關係融洽，推銷員的工作就會比較輕鬆。但是，很多推銷員在與客戶溝通時，誤將合作夥伴理解成朋友，這樣就比較麻煩了。

吝嗇型客戶

客戶永遠是我們的上帝，不管性格如何，對待上帝時，推銷員都要永遠保持尊敬的心態，提出完美的服務。

推銷員在日常工作中，多少都會遇到較小氣的客戶。一般來說，想賺這種客戶的錢不容易。因這種客戶不會為了穩定、信任、關係等而選擇固定的供應商。他們會計較價格的昂貴程度，並會將利潤壓到最低，然後再要求品質。他們不捨得花錢買高價位產品，多年來的節儉習慣使他們排斥高價位產品，對產品百般挑剔，拒絕的理由也令人出其不意。

為此，這樣的客戶會隱瞞事實真相，誇大自己，很多時候還會選擇一些根本不需要招投標的形式，以此來壓價滿足自己虛偽的吝嗇心理。

善於討價還價的顧客，貪小也不失大，用種種理由和手段拖延交易達成，以觀推銷員的反應。如果推銷員經驗不足，極易中其圈套，因怕失去得來不易的成交機會而主動降低交易條件，最後血本無歸。

事實上，這類顧客愛還價只是出於本性，並非對商品或服務有實質的異議，他在考驗推銷員對交易條件的堅定性。這時要創造一種緊張氣氛，比如現貨不多、不久就要漲價、已有人上門訂購等，然後再強調商品或服務的實惠，逼誘雙管齊下，使其無法錙銖計較，爽快成交。

針對這樣吝嗇型的客戶，建議推銷員不要在其身上花太多時間。要根據自己的產品特點及企業優勢，能宰他一次就宰他一次，不要指望他下次會給你賺錢的業務。這樣的客戶一開始就不能一味滿足其需求，該狡猾的時候就一定要狡猾，這樣的客戶不會因為你的表現和良好關係就容忍你的一些小錯誤。這樣的客戶，如果不是自己強項和優勢的業務，大可不必去參與競爭，因為得不償失，錢沒賺到，精力倒花費不少。所以這類型的客戶不是推銷員發展的重點客戶。

但是不是重點並不代表就不是準客戶。吝嗇型客戶不是一毛不拔的人，他們所用的每一分錢都會花在刀口上，只要能激發他們的興趣，再加以分析物有所值，讓他們有所感受，著重強調一分錢一分貨，將商品的特徵講述清楚，指出價值所在。要強調產品的成本或強調投資回報率，告知客戶報酬率高的才是投資的重點。

除此之外，推銷員還需循循善誘，這樣客戶會很快打開荷包。例如，客戶以價格為由，拒絕購買你的產品，就可以分為幾次推銷，把一年的花銷攤分到每一個月中，以減少價格上的壓力。

吝嗇型客戶不一定沒有購買的誠意。在日常生活中，先嘗後買的事情比比皆是。其中嘗試樣品，是免費的。為此，他們討價還價是人之常情。那麼，又如何做到不讓這樣的客戶在價格上斤斤計較呢？

推銷員可以給客戶三個選擇，而不是只有既定的一種。如果只提供一種方案，客戶就會本能地想著還價。而如果從低到高給出三種方案的報告，客戶的注意力便會從「我要還價」轉移到「哪種方案更合適」上。此時，客戶會思考第三種方案的價格太高，第一種方案的價值沒有體現出來，想來想去還是覺得第二種方案合適。

不過推銷員設定多種方案的方法並非萬無一失。有時客戶會要求用最低的報價買最高報價的方案，並誘使你分項列出每一項的單價。為此，推銷員千萬不要被客戶牽著走，這樣反而就給了他們逐項還價的機會。

其實，推銷員與客戶還價會讓其不悅。但如果輕易降低價格，反而會讓客戶覺得你的報價灌水太多，反而減少了對你的信任與尊重。而如果採用交換的方式，推銷員既不會損失自己的利益，又會讓客戶更加信任你。

因此，推銷大師原一平認為，制定多重方案的好處，在於讓客戶感覺是從自身利益出發，而不是被動地與推銷員展開價格拉鋸戰，這樣雙方談判時氣氛就會更加融洽。

獨斷型客戶

拓展市場時，一些經驗豐富的推銷員之所以能很快促成合作，其實就在於掌握該客戶的心理、特點和利益需求，如同醫生診斷一樣，透過簡單的溝通或寒暄，從對方言談舉止的一番望聞問切之後，摸清客戶的特性，然後對症下藥，投其所好，快速出擊。所以，一些剛進推銷行業的業務人員，要在客戶拜訪和溝通中多留意、多發現和多分析，揣摩客戶的心理，察言觀色，迅速判斷出客戶的類型，以縮短業務成交的週期。

在日常生活中，推銷員會遇到形形色色的客戶，但有的客戶自認比推銷員懂得多，也總在自己所知的範圍內，毫無保留地訴說。當推銷員進行商品說明時，他也喜歡打斷你的話說：「這些我早知道了。」

他不但喜歡誇大自己，而且表現欲極強，可是他心裡也明白，僅憑自己粗淺的知識，絕對比不上一個受過訓練的推銷員，他有時會自找臺階下，說：「嗯，你說得不錯。」

為此，面對這種客戶，推銷員不妨布個小小的陷阱，在商品說明之後告訴他：「我不打擾您了，您可以自行考慮，有需要不妨與我聯絡。」

對於獨斷型的客戶，推銷員不要浪費時間跟他聊天。進行商品說明時，千萬別說得太詳細，要稍作保留。應該直接提出自己的意見，不要說太多廢話。如果想利用最近的足球賽來拉關係，他會把目標轉移到別的地方。如果想用要過分熱情的陳述來分散他的注意力，他又會覺得你像個騙子。

例如，有對夫婦到一家百貨公司買家具，丈夫堅持要買古典風格，他對推銷員說：「一定要給我既實惠又能展現古典風格的椅子。」這位推銷員很快就意識到這位顧客是獨斷型的客戶。身為一個機智的人，他首先要做的是迎合客戶，然後再盡可能判斷出他心中既定的看法到底為何。

透過一般問題的交談，這位推銷員使客戶平靜下來，然後又透過一系列巧妙的問題，終於準確判斷出這位客戶想要的古典型椅子。

獨斷型客戶容易受外界環境影響，生性衝動，稍受外界刺激便言所欲言、為所欲為，毫不顧忌後果如何。比如，他們常打斷推銷員的話，藉題發揮，妄下斷語。對於自己原有的主張或承諾，也會因一時興起，全部推翻或不願負責。而且常為衝動的行為而後悔。

「快刀斬亂麻」或許是對付此類客戶的原則。推銷人員首先要讓對方接受自己，然後說明產品能給他帶來的好處並做成功演示。

孩子氣型客戶

這類客戶像孩子似的，很怕見陌生人，特別是怕見推銷員，怕別人讓他回答一些問題，怕答不出會有些尷尬。這類客戶有時還有點神經質，見到陌生人心理就犯嘀咕。

除此之外，這類客戶還有小孩子的好動心理，不過這是由於怕別人問問題所產生的坐立不安現象。當推銷員介紹說明時，他們喜歡東張西望，或者做些別的事來掩飾，他們會玩手裡的東西，或者寫東西來躲避推銷員的目光，因為他們很怕別人打量他，推銷員一看他，他就顯得不知所措。

不過，這類客戶一旦與你混熟之後，膽子就會變大，就會把你當朋友看待，有時還想依賴你，此時也就產生了信任。

對付這類客戶的方法就是第一次不談生意，先與他聊天，和他混熟一點。到第二次見面自然會輕鬆得多，也就會把你當老朋友看待，因此談生意就順利多了，交易也極易成功。

對於這類客戶，首先要給他一個好印象，這樣他雖然有些神經質，但對你卻是信任及放心的。然後再與他交談。要細心地觀察他，不時稱讚他一些實在的優點，照顧他的面子，不要說他的缺點，他會對你更加信任，這樣雙方就能建立起友誼，會成為朋友。關於成為朋友，推銷員要主動一些，因為客戶不會自己提出。在交談中，你可以坦率地把自己的情況、私事都告訴他，讓他多了解你，這樣也可使他放鬆，讓他和你更接近，這時他就可能談自己的事情了。但你千萬別問，否則他就會覺得尷尬，更不要在談自己之前談他的事，這樣他更神經質，且不會告訴你。

在經過交談之後，先交個朋友，再談交易，這時，十之八九就要成功了。這是用真誠換取的真誠。

粗魯型客戶

對於粗魯型的客戶，他們通常行為舉止粗魯，往往雙手握拳插在褲袋裡，講起話來大聲叱責，攻擊性十足。他的言語會使你感到不大舒服。

他常對任何商品的特性抱持懷疑態度，更糟的是：他會讓推銷高手認為應該為他的一切麻煩與不順利負責，害他要面對這麼多煩人的事。

這類客戶通常是於公於私都忙得團團轉的人，所以會把煩惱投射到別人身上。這種粗魯無禮大多是情緒上的暫時狀態，只是推銷員剛好在他心煩意亂的那天出現。那並不是他平常的正常狀態。

此時推銷員不要因此而退縮，不要因為他的粗魯而害怕，這便是你的機會，你很可能做成一筆生意，得到意想不到的收穫。然而，和他交談時切勿辯論，你要設法把他帶回生意上，要應付粗魯的行為和話語，你該表現得自然些，不要取笑他的無知，同時，和他談生意要非常謹慎。粗魯型客戶雖然粗魯，但也非常注重利益，所以我們要把握他的弱點，向他進攻。

在這種情況下，推銷高手要冷靜地等待機會，不過態度要自信十足。有時候，這種客戶和推銷員之間反而會發展出密切的友誼。無論如何，不要向對方施加壓力，要盡量友善地感化他，和顏悅色地請這位大老粗稍安勿躁，但絕對不接受他的任何抱怨或怪罪。

此時你可暫時中斷談話，眼睛直視唐突的顧客，然後面帶微笑且堅定地說：先生，我一結束和這位客戶的談話就來找您。如果他不肯罷休，你可以再重複一遍剛才的話，讓他知道你越快服務完眼前的客戶，才能越快地處理他的事情，你若舉止恰當可能會說服這位粗魯的顧客，或者至少使他有所收斂。

除此之外，不要訴諸報復。報復行為只會惹怒這類客戶，特別是你當著其他人的面使他難堪的時候，你要記住這些人仍是你的客戶，如果他們或外人覺察到你的行為不得體，那你失去的不僅僅是這些人。

第五章
用「嘴」瘋狂賺錢的推銷之術

古人說：「一人之辯，重於九鼎之寶；三寸之舌，強於百萬之師」，可見古人對口才也十分看重。推銷員一旦具備一流的口才，便能順利約見客戶、爭取到推銷產品的機會，最後說服客戶做出購買的決定。因此可以毫不誇張地說，銷售的成功很大程度上可以歸結為口才的合理運用與發揮。

用聲音征服客戶

一次，有家成衣公司挖走了原一平公司一名推銷員，這種挖牆腳的事在商業界屢見不鮮。但奇怪的是，這家成衣公司的老闆是個非常討厭保險推銷員的人。於是，原一平決定要拿下這個難纏的客戶。

他用老方法，首先將這個老闆的背景調查清楚。在調查中，原一平發現，他是個大阪人，對同鄉會會務很熱心，兄弟中還有當大學教授的。最初他在三越百貨公司服務，後來到東京從事成衣批發的生意發了財，如今在北海道還有個全世界規模最大的牧場。了解這些初步情況後，原一平接著到該公司的傳達室打聽進一步的消息。

「請問總經理什麼時候來上班？」「大約 10 點左右。」一位年輕漂亮的小姐很客氣地回答。隨後原一平又從那位小姐口中得知那位老闆的車子顏色、車型、車牌號碼等。

第二天上午 10 點，原一平帶著隱形照相機來到該公司大門前，在那輛車開進公司停下後，立刻偷偷拍下那位老闆的照片。照片沖洗出來後，便拿著照片到祕書處請祕書小姐確認。

之所以要拿照片確認，是怕萬一認錯了人而自己不知道，那後果的糟糕就可想而知了。當確認無誤後，原一平問祕書小姐：「總經理目前是否在裡面辦公呢？」

「不，他好像在外面的大辦公室。」

透過調查原一平早已得知，這位總經理很少在自己的辦公室辦公。走進那間大辦公室，裡面有很多員工，假如不是事先做了充分準備，一時間根本不會知道哪一位是總經理。

「總經理，好久不見啦！」他只穿著襯衫，與職員一樣忙碌，整個辦公室充滿生氣蓬勃的景象，原一平輕鬆自然地從他的斜後方走過去，拍了一下總經理的肩膀。

經理轉過頭詫異地說：「咦！我們好像在哪裡見過面？」

「貴人多忘事哦，就在同鄉會呀！我記得您是大阪人，對不對？」

「不錯，我老家在大阪。」

此時，原一平將名片遞給他。

這位經理一看原一平是推銷保險的，就禮貌地推辭，但他不想就此放棄，於是放開喉嚨說：「總經理，我相信貴公司的員工原先並非立志終身奉獻成衣業而到貴公司服務的，他們都是因為仰慕您的為人才到這兒來的。」說到這裡，原一平並用目光掃視在場的員工，然後繼續說：「全體員工既然都懷抱對您的仰慕之情，您打算如何回報他們呢？我認為最重要的是，您只有永保健康，才能領導員工衝鋒陷陣（我降低聲音）。如果您的身體已經到了無法投保的程度，又怎麼對得起愛戴您的員工呢？您喜歡或討厭保險都不重要（到這裡，我又提高聲音）。現在最重要的是，您的健康是否毫無問題，您曾經做過體檢嗎？」

說到這裡，原一平突然打住。此時，整個辦公室鴉雀無聲，都在等待總經理的回答。總經理顯得有點手足無措，等了一會兒才說：「我沒做過體檢。」

「那麼您就該抓住機會去檢查啊！機會必須自己創造並好好把握才是真正的機會。讓我為您服務吧！我會帶著儀器專程來貴公司給您做身體檢查。」

總經理沉默了一會兒後說：「好吧！那就麻煩你了！」

就這樣，一位最不喜歡接待保險推銷員的總經理被原一平攻下了。

有許多推銷界的朋友向原一平詢問：「怎樣才能讓聲音充滿魅力呢？」為此，原一平根據以往的推銷經驗，總結了以下七條技巧。

- **語調低沉明朗**：明朗、低沉、愉快的語調是吸引人的最大所在，如果你說話的語調偏高，就要練習讓語調低沉一點，這樣你的聲音才能迷人。
- **吐字清晰、層次分明**：吐字不清、層次不明是談話成功的最大敵人，假如別人無法了解你的意思，你就不可能說服他。要克服這種缺點，最好的方法就是在公眾場合練習大聲朗誦。
- **注意說話的節奏**：這就如同開車有低速、中速與高速，必須依實際路況的不同而調整。說話時也一樣。另外，音調高低也要妥善安排，任何一次談話，抑揚頓挫，速度變化與音調高低都必須搭配得當，只有這樣你的談話才能有出奇的效果。
- **停頓的奧妙**：「停頓」在交談中非常重要，但要運用得恰到好處，既不能太長，也不能太短，這需要自己揣摩，「停頓」有整理自己的思維、引起對方注意、觀察對方的反應、促使對方回話、強迫對方下決定等功用。
- **聲音大小要適中**：在一個人少的房間裡，如果音量太大，就會成為噪音。如果音量太小，使對方身體前傾才聽得到，那樣的話對方就會聽得很吃力。其實最適當的做法就是，兩個人能相互聽到彼此的聲音就可以了。
- **語言與表情的配合**：這樣做能讓你的談話更具感染力。
- **措詞高雅**：個人在交談時的措詞，如同他的儀表，對談話的效果有決定性的影響。對於發音困難的字詞，要力求正確，因為這會在無形中表現你的博學與教養。

好的開場白是成功的一半

推銷員想有效吸引客戶的注意力，在面對面的推銷拜訪中，說好第一句話非常重要。開場白的好壞，幾乎可以決定一次推銷工作的成敗。換句話說，好的開場白是推銷成功的一半。那麼，怎樣的開場白才能真正吸引客戶的注意力呢？

創意的開場白

推銷員應該針對不同客戶的具體情況、身分、人格特徵等條件，針對性地設計有創意的開場白。透過有吸引力的創意性開場白贏得客戶的注意，也就向成功銷售邁進一大步。要想說出有創意的開場白，就要提前準備相關素材和一些幽默有趣的話題；或是以格言、諺語或眾所周知的廣告詞作開場白；也可以用某公司共同舉辦市場調查的方式為開場白；或是利用送贈品、小禮物、紀念品、招待券等方式為開場白。

問候式開場白

推銷員第一次見到客戶後，第一禮節就是問候，然後才有機會實際探討產品問題。日本瘋狂的推銷大師原一平在一次推銷產品的過程中，利用的便是問候式的開場白。

一次，原一平經朋友介紹，認識一家建築公司的經理，在見面後，原一平首次問的並不是保險問題，而是以話家常的方式吸引經理的注意，然後經過長期攀談，最後讓他自願訂下大批保單。

話家常可以活躍現場氣氛，在與客戶攀談時，要像個聆聽者一樣細心傾聽，並隨時謙虛地提出自己的見解。這樣可以拉近彼此的距離，增進感情，最後成功說動客戶買下產品。

吸引客戶好奇式的開場白

好奇心人皆有之。推銷員若能有效利用客戶的好奇心，使他們對推銷的產品產生深刻印象，那麼就能在很大程度上促進交易順利達成。

推銷大師原一平來到一家上市公司經理的辦公室，準備與經理簽訂以前與該公司商定的保險訂單。但是，對方卻突然告訴他，由於資金周轉不開，決定取消這批訂單。

原一平聽到此話急中生智，誠懇地對經理說：「經理，我能再說一句話嗎？您真的要放棄將來即將到手的上百萬元嗎？」聽他這麼一說，正想離開的客戶停了下來，於是推銷工作又有了新的轉機。

為此，推銷員在推銷產品的過程中，應該適度利用客戶的好奇心去刺激客戶，讓客戶盡快與推銷員達成協議。

總之一句話，萬事開頭難，做推銷更是如此。但是，身為一個職業推銷員絕不能因此放棄努力，而應做好充分準備，針對不同客戶，設計出好的開場白。

一句幽默話，化開三九冰

一般情況下，在聽別人說話時，注意力每隔五到七分鐘就會鬆弛。因此，不論是推銷還是談判，適時插入風趣的言詞，能消除對方的心理疲勞。

對一個有幽默感的推銷員來說，善於運用詼諧風趣的語言委婉而含蓄地道出自己說話的本意，往往能使聽者在忍俊不禁中得到醒悟和啟發。

幽默是推銷成功的金鑰匙，它具有很大的感染力和吸引力，能迅速打開顧客的心靈之門，讓顧客在會心一笑後，對你、對商品或服務產生好感，從而誘發購買動機，促成交易迅速達成。幽默具有神奇的魅力。其實，不僅語言可以構成幽默，推銷員的肢體、表情、動作等同樣可以產生幽默感。

日本人壽保險業中，有位大名鼎鼎的推銷員叫原一平。他天生是個矮個子，身高只有 150 公分。他曾為自己矮小的身材苦惱，但後來想通了，體認到遺傳基因無法改變，克服矮小的最佳辦法就是坦然接受，然後設法將這缺點轉化為優點。

有一次，原一平的上司高木金次對他說：「體格魁梧的人，看起來相貌堂堂，在拜訪時較容易獲得別人的好感；身材矮小的人，在這方面就要吃大虧。你、我都是身材矮小的人，我認為必須以表情取勝。」原一平從這番話中獲得很大啟發。從那時起，他就以獨特的五短身材，配上他苦練出的各種幽默表情和幽默語言，在向客戶簡報時，常逗得大家哈哈大笑，覺得他可愛可親。如他登門向人推銷人壽保險業務時，經常有如下對話：

「您好，我是明治保險的原一平。」

「啊，明治保險公司，你們公司的推銷員昨天才來過，我最討厭保險了，他昨天被我拒絕了！」

「是嗎？不過，我比昨天那位同事英俊瀟灑吧！」原一平一臉正經地說。

「什麼？昨天那個仁兄瘦瘦高高的，哈哈，比你好看多了。」

「矮個子沒壞人，再說辣椒是愈小愈辣喲！俗話不也說『人愈矮，俏姑娘愈愛』嗎？這句話可不是我發明的啊！」

「哈哈！你這人真有意思。」

就這樣，原一平與每一個顧客交談後，雙方的隔閡就消失了，他給人留下深刻印象，生意往往就這樣很快做成。正因如此，他以出色的幽默推銷術連年取得全國最佳的推銷業績，被尊稱為「推銷之神」。

推銷員成功的最大因素在於人，而與人成功的交往就需要藉助幽默的力量。用幽默來增進與客戶的關係，用幽默來融洽彼此間的聯繫，使許多尷尬、難堪的場面變得輕鬆溫暖，使氣氛活躍起來，使客戶感到輕鬆愉快，從而促進彼此的合作，進而發展出更多客戶。

用讚美籠絡客戶的心

每個人都渴望得到別人的讚美。推銷員在推銷產品的過程中，適度讚美客戶，不僅能表現高深的文化修養，更能促進業務的發展。

人人都有長處，也有短處。但是通常都希望別人多談自己的長處。與客戶交談時，如果直接或間接讚美對方作為開場白，就能有效激發客戶交談的積極性。

有一次，原一平向一位律師推銷保險。律師很年輕，對保險沒有興趣。但原一平離開時的一句話卻引起他的興趣。

原一平說：「律師先生，如果允許的話，我願繼續與您保持聯絡，我深信您的前程遠大。」

「前程遠大，何以見得？」聽口氣，好像懷疑原一平在討好他。

「幾週前，我聽了您在一次律師會議上的演講，那是我聽過最好的一場演講。這不是我一個人的意見，很多人都這麼說。」

聽了這番話，他竟有點喜形於色。原一平請教他如何學會當眾演講，他的話匣子就打開了，說得眉飛色舞。臨別時他說：「歡迎您隨時來訪。」

沒過幾年，他就成為當地非常成功的一位律師。推銷員仍與他保持聯絡，最後成了好友，保險生意自然也越來越多。

人都喜歡聽誇獎自己的話，客戶也不例外，你要準確掌握客戶的心理，適時讚美客戶，才能在融洽的交談中找機會推銷。

但是，身為推銷員，面對的客戶有千姿百態，即使讚譽之詞是出於好意，效果也未必都是好的。因此，在讚美客戶時，應該注意以下幾點：

- 讚美要發自內心，要誠懇；
- 讚美要具體而不可抽象籠統；
- 要實事求是，不可言過其實；
- 間接的讚美比直接的稱讚更有效；
- 讚美要適可而止，不可無限誇張；
- 讚美貴乎自然，千萬不可做作。

一名出色的推銷員，應該細緻入微，找到客戶值得讚美和欣賞的地方。無論是誰，對讚美之詞都不會不開心，而讓別人開心不會讓我們吃虧，何樂而不為呢？

用激將法刺激客戶

激將法是人們熟悉的計謀形式，既可用於己，也可用於友，還可用於敵。激將法用於己方時，目的在於刺激己方將士的殺敵激情。激將法用於盟友時，多半是由於盟友共同抗敵的決心不夠堅定。

三國時的劉備用激將法也大有一套，他是以情動人，所以有「劉備摔孩子，收買人心」之說，哄得關張趙雲都為他賣命。而諸葛亮則是對誰都耍心眼，一如孟達所說：人言孔明心多。

在推銷中，正確地運用激將法，能收到積極的效果。運用激將法成功完成推銷談判的技巧是，要先了解對方的性格。推銷員一定要根據不同的交談對象，採用不同的方法巧言激將。推銷員推銷時要先傾聽，從客戶的言談中分析他的性格，尋找客戶的弱點。

在未能吸引準客戶的注意力之前，業務員都是被動的。這時候，不管你講什麼都是對牛彈琴。所以，在適當的時候應設法刺激準客戶，引起他的注意，取得談話的主導權後，再進行下一步驟。

有一次，原一平去拜訪一位個性孤傲的準保戶。由於他性情古怪，儘管原一平已拜訪三次，並不斷轉換話題，他仍舊興趣不大，反應冷淡。第三次拜訪時，原一平有點沉不住氣，講話速度快了起來，準保戶因為語速太快，沒聽清楚。

他問道：「你說什麼？」

原一平回道：「你好粗心。」

準保戶本來臉對著牆，聽了這句之後，立刻轉過來面對原一平。

「什麼！你說我粗心，那你來拜訪我這粗心的人幹什麼呢？」

「別生氣，我不過跟你開個玩笑罷了，千萬別當真啊！」

「我沒有生氣，但你竟然罵我是個傻瓜。」

「唉，我怎敢罵你是傻瓜呢？只因你一直不理我。所以才跟你開個玩笑，說你粗心而已。」

「伶牙俐齒，真夠缺德。」

「哈哈哈……」

使用激將話術時，一定要半真半假，否則，激將不成反而傷了感情，到時就麻煩了。當對方越冷淡，你就越要以明朗動人的笑聲對待他。這樣一來，你在氣勢上就會居於優勢，容易壓倒對方。那麼，哪些激將法可用於推銷員與客戶的談判策略中呢？

- **言之鑿鑿的「激將法」**：「一石激起千層浪」。在推銷產品時，「激將法」一出，勢必引起客戶或多或少的注意力，甚至某種心理動態的傾斜等。此時，推銷員一定要迅速調整心態，冷靜而理智地分析總體談判情勢，掌握客戶的心理，並透過一定的步驟展開深入合理的調查，由此對症下藥、確定切實可行的應對之策。
- **子虛烏有的「激將法」**：「東邊日出西邊雨，道是無晴卻有晴」。推銷員與客戶的談判過程中，「假作真時真亦假」亦是自然而然。因此，在使用「激將法」時，在未掌握真憑實據之前絕不可輕舉妄動，重點在於調查取證、分析推理和研究、洞悉客戶的真實意圖。

關鍵時刻需要閉上嘴巴

一名優秀的推銷員，應該在 3 到 5 分鐘內使一個原本陌生的客戶建立一見如故的親和力。在交易雙方相處融洽的環境中，雙方都不好輕易否定對方，從而不讓對方說「不」。推銷不是口若懸河，讓客戶沒有說話的餘地。為此，推銷員在關鍵時刻應該閉上說個不停的嘴，在與客戶建立親近感後，不妨停下作做個傾聽者。

日本推銷大師原一平，關對於他的瘋狂推銷術，他曾提出「關鍵時刻要閉嘴」的說法。當他問別的推銷員時，得到的卻是五花八門的答案：

不知道什麼時候該閉嘴；

擔心客戶會轉移注意力，或是怕客戶打消購買的打算；

因為急於讓客戶購買，所以不敢閉嘴；

對於推銷員來說，懂得在關鍵時刻讓自己閉嘴是一種智慧。當你提不出建設性意見時，別忘了閉嘴。這對身處特殊情境下的銷售員來說，是個聰明的選擇。

許多推銷員總在客戶面前眉飛色舞，說個不停，卻絲毫未注意客戶厭煩的神色。他們也從來不顧場合與氛圍，總是努力對客戶講個不停。

知道什麼該說，什麼不該說，什麼時候說，什麼時候不說，這是銷售人員應該具備的最基本推銷常識。有時你需要向客戶展示自己風趣幽默的表達能力，有時你卻需要沉默不語，傾聽客戶的意見，讓他自己做出選擇。

瘋狂推銷大師原一平，他曾接待一位女士，沒用運用任何技巧，也沒說幾句話，就做成一筆大生意。這位女士的先生因為意外剛剛去世，她情緒低落，所以原一平自始至終都在扮演傾聽者的角色，耐心地聽她講述自己的不幸，中間只是偶爾安慰幾句，更多時候都在沉默，對這位不幸的女士充滿同情和尊重。最後，這位女士停止講述，他才建議她為孩子買些保險，並簡捷地告訴她購買的理由：即使她未來沒有固定收入，孩子的教育和未來也不至無以為繼。女士接受了他的建議，為 11 個孩子每人買了一份儲蓄保險。

為此，原一平從這筆生意中獲得大筆佣金。後來，他在公司的營銷會議上對同事說：「我從來沒想過，沉默的作用是如此之大。」

沉默是你遇到特殊客戶時最應採取的方法，如果那位保險推銷員面對這位女士時夸夸其談，毫不理解她剛失去丈夫的哀傷心情，結果很可能導致客戶的不悅和反感，這筆生意最後也就要泡湯。

有很多推銷員，擔心客戶突然走掉，只好不斷說話，說了又說，沒完沒了。這其實是一種語言轟炸，會讓客戶對你的話產生厭煩情緒，反而更容易失去本來可能成交的客戶。

一個不敢在顧客面前說話的推銷員賣不掉自己的產品，但話太多的推銷員也會讓顧客害怕。

孔子說：「智者不失人，亦不失言。」聰明的推銷員，應該好好體會這句話，千萬不要在客戶面前失言。一場成功的推銷就像一個好的電視節目，有美妙的畫面，還有悅耳的音響。音量太小不行，音量太大，也會把人嚇跑。在顧客面前，需要你沉默的時候就不要說話，不妨讓自己安靜下來，思考一下客戶到底在想什麼。

如果你有疑惑，還不能自如地掌握說什麼與何時說之間的正確分寸，那麼就請你記住推銷員的閉嘴法則：

任何時候，都不要排斥和打斷客戶說話，這是種愚蠢的行為；

如果你不知道說什麼，那就讓自己真誠地傾聽；

自己不懂的問題，不要裝內行，閉嘴才是最佳選擇。

20 世紀最偉大的科學家愛因斯坦，有人問他成功的祕訣是什麼。愛因斯坦回答：「成功就是 X 加 Y 再加 Z。X 是工作，Y 是開心，而 Z 則是閉嘴！」這是大師留下的至理名言，造物主為什麼給我們兩個耳朵和一張嘴？就是讓我們多聽少說，該閉嘴時就閉嘴。

應對客戶藉口的話術

推銷員在向客戶推銷產品的過程中，多數客戶在還未與推銷員交流前，就會找許多藉口百般推辭。那麼，客戶推辭的藉口有哪些？碰到諸如此類的情況，推銷員要如何應對呢？

改天再來的藉口

在推銷過程中，常會遇到這樣的客戶：「請你改天再來吧，我今天不買」；「我現在不需要，過幾天再說！」一般情況下，以這種藉口推辭的客戶，屬於感覺敏銳，會照顧對方立場或優柔寡斷型的人。

原一平初入保險業時，為了贏得一個大客戶，他曾在 3 年 8 個月期間，登門拜訪 70 次都撲空的情況下，最後鍥而不捨地得到成功。

原一平在掌握一家公司總經理的個人資料後，第二天就迫不及待地上門推銷保險。

一位面目慈祥的老人打開門，原一平猜這一定是總經理的父親。因為這位老人聽完原一平的介紹後，就彬彬有禮地說：總經理不在家，請改日再來。

「請您告訴我，他通常什麼時候在家呢？」

「公司事多，這可不一定。」

原一平還想打探總經理的一些個人問題，但老人都以「不太清楚」為由推託了。

就這樣，在接下來三年多裡，原一平拜訪這位總經理撲空了 70 次。後來意外從一個客戶那裡，原一平才得知那位拒絕他的老人竟然就是讓他撲了 70 次空的總經理。這讓原一平憤怒不已，他有種被人戲弄的感覺。哪怕這個老頭說明自己的身分，對他大叫「我不需要保險，別白費心機了」，也總比他每次面帶微笑要強一百倍啊。因此，原一平以不服輸的心理，認為再難啃的客戶也有弱點，只要堅持不懈，不輕言放棄，就一定有成功的希望。

「我很忙」的藉口

推銷員在推銷產品時，通常還來不及遞上名片，就讓客戶以「我很忙」為由拒絕了。此時，推銷員要迅速而準確地看出對方究竟是「真忙」還是「假忙」。如果是真忙，推銷員要如何應付呢？

首先要再次約定時間洽談。真正忙碌的客戶，如果你事先和他約好

「幾分鐘」，他可能願意抽出這幾分鐘聽你講解。當被客戶推辭時，寧可先說「抱歉打擾了。那我改天再來拜訪」。這不僅告訴客戶，自己不久之後會再登門拜訪。同時千萬記住，離開時的態度要好，不要令對方厭惡。

再考慮考慮的藉口

面對推銷員推銷時，即使是有需要的客戶，往往也會說「我要考慮考慮」、「讓我想想」等話語推託。要明白這些話只是個藉口，而不是真正拒絕的理由。推銷員只有找到他們真正想拒絕的理由，並用創意加以解決，就有成功的可能。

俗話說：「打鐵要趁熱」，當客戶說產品還不錯，要考慮考慮時，推銷員要急中生智，在客戶還未萌生反對意見之際，就要立刻想到辦法化解。在遇到真正異議之前，最好全面分析情況。同時，可以在交談過程中套出她的實際想法，提出一些對方沒想到的異議。。

先留下資料的藉口

原一平到了一家公司，開始向該公司的總經理推銷保險。這位總經理只隨便說了句：「知道了，那你先把相關資料留下吧，我看了再說。」

很明顯，這位總經理根本沒有購買的意圖，只是隨口敷衍幾句。表面上他沒有說沒興趣，但他只是冷淡地讓原一平把資料留下，這就足以表示他對保險沒興趣，翻看留下資料的機會很小。

此時，原一平拋開保險話題，而是將這位經理抬高到企業行家的身分，並對他說明這不是買保險，而是經營一項事業。「您這麼年輕就如此成功，一定有很多創意。您聽我說明之後，您會發現這也是個新生的事業。為此，不知您有沒有時間呢？」經理聽完後，和他約定晚上在某某餐廳見面詳談。

原一平之所以成功，不是因為巧妙避開直接談論保險。而是在與經理談論一次創業的經驗，因此吸引了經理的注意力，才約定時間再次見面。推銷員不妨仿效原一平大師巧妙打破客戶「先留下資料」的藉口。

自言自語話推銷

在推銷場合，大家都互不認識 ，這時一句「今天天氣真熱」之類的自言自語往往能成為交談開場的引子。從而使你與顧客間產生默契，使顧客對你與你的產品產生興趣，進而使推銷成功。自言自語是推銷員在沒有認識的人的情況下常用的開場技巧。

有位推銷員到鄉村去推銷電磁爐。由於當時農村大多還是用柴火煮飯，根本不知道電磁爐的用處。只見這位推銷員走進一家炊煙裊裊的農家，在廚房裡邊幫主人燒火邊感慨道：

「要是不用燒火飯菜就能熟該多好啊 ！」。

主婦笑了起來：「天下哪有這樣的好事啊。我們祖祖輩輩都是這樣生火做飯的。」

「有啊，」推銷員見時機成熟，就拿著帶來的電磁爐說：「我這電磁爐燒菜煮飯就不用生火燒柴，妳不信的話，我可以試給妳看」。

說完，他忙著放水，插電源，同時又向主婦介紹原理和使用方法。飯煮好後，主婦一嘗，味道很好。推銷員藉機說：「更好的是，用這煮飯妳就不用在旁邊守著，可以定上時間去休息或做別的事情。」

主婦做夢也沒想到，竟然有這種既方便又實用的東西，而且操作簡單，物美價廉。於是想從繁忙的廚房中解脫的主婦，立刻決定買下一臺電磁爐，並跑到左鄰右舍去介紹，成了義務推銷員。

自言自語一般要借助推銷人員自我表現，如果你沒有十足把握，一旦有準客戶在場，你就該像千里馬般引頸長嘶，以引起有識者的注意。

戰國時客寓孟嘗君處的馮諼，不就是靠幾次彈劍高歌自言自語：「長鋏歸來乎」而引起孟嘗君注意嗎？

如今，仿效古人引人注意的大有人在。一位著名話劇演員年輕時投考戲劇學院，而報名時間已過，他靈機一動，在考場外自己引吭高歌，從而引起主考老師的注意，這才得以走上劇壇。因此，推銷員大可不必看輕自言自語和自我表現，它在推銷中常常具有許多其他手段都沒有的優點。

自言自語也是種主動輸出資訊的好辦法。《水滸傳》中那位多災多難的及時雨宋江，曾經好幾次就要死於非命，全靠他那句自報家門式的自言自語：「可憐我宋公明……」才讓別人發現他的身分而屢屢死裡逃生。

因此，如果你陷入困境，旁邊又無熟人，這時靠一句「這下可怎麼辦」之類的自言自語，再配上焦急的表情，也許就能招徠幾位熱心人為你排難解憂。

巧妙的長話短說

成就大業者是那些做事爽直、談話簡短明瞭的人。在一家大公司門口，寫著這幾個字：「要簡捷！所有的一切都要簡捷。」

對任何一個推銷員來說，能說善道是非常必要的。但推銷員的話也不可太多，像發表長篇「演說」似地搞「一言堂」，因為這很容易引起顧客反感。有的推銷員往往說話太多，不願意也不能聽取別人的意見。他們是失敗的演說家。

另外，與顧客談業務時，不少推銷員總愛搞「一言堂」，只見他一個人在那裡滔滔不絕講個沒完，不給顧客發表意見的機會。不給顧客說話的機會，表示你不尊重對方，忽視對方的存在，意味著兩人之間的地位並不平等。這樣，即使你說話的聲音多麼清楚洪亮，你說的內容多麼中肯和吸引人，顧客也不會覺得「悅耳動聽」，他只會感到厭煩和不滿。

推銷之神原一平在與客戶長期接觸後，發現在介紹產品時，顧客有時好像不太耐煩，原一平想，難道交朋友的時間不夠？開發客戶還需要什麼技巧。一些成就大業的往往都是做事直爽，談話言簡意賅的人。要做到這點並不難。如果能經常有意識地注意訓練，集中精神，處事有條不紊，談吐簡潔明瞭，那麼必然會養成簡潔的習慣。

現在生活節奏快，人們的壓力大，事情一件接一件地不斷出現，身心早已疲乏，哪還經得起資訊轟炸，所以推銷員有必要長話短說，語言表達若能簡潔明快，又能恰當準確的話就再好不過。或是先講些奇聞逸事化解顧客的疲勞感，讓他身心放鬆，心情愉悅。

推銷員和顧客談話時，一開始就要讓他明白，你不會占用他太長時間。要用簡單扼要的開場白引起他的興趣。每次溝通交流的時間切忌不要太長，一般會控制在一小時內。人們一般最厭惡的就是談話抓不住重點，旁敲側擊、不著邊際，結果，說來說去還是無法讓人掌握他要說的重點，這樣的人常會讓人厭倦。

有時長話短說能顯示你的語言素養，既節省時間，別人也喜歡聽。不要等對方不耐煩地說「知道了知道了」，你才發現自己囉嗦了。適當準確的表達，在人際交往中有著舉足輕重的份量，長話短說又能適當準確的表達是很重要的交流技巧。學會交流技巧：準確表達，長話短說。

對於長話短說的關鍵在於最終談判，一定要掌握時間的分寸，不要讓顧客產生厭煩的情緒。應該在邀約時就定好時間，比如說我只能用半小時與您會談，讓顧客清楚你的時間是有限的，拜訪會很快結束，雙方要互相尊重彼此的時間。

與顧客談話時不要獨占談話時間，必須給對方發言的機會。讓對方說出自己的感受、想法和意見，以此為依據，再進而開導和說服。切忌一味發表「演說」，而讓對方坐在一旁當聽眾，這樣的談話效果是很差的，也不會有多大收穫。凡是業績優異的商人，他們都是傾聽的高手，他們只在關鍵時刻才發表自己的意見。

花言巧語促成交

有位牧師想在祈禱時抽菸，就去徵求主教的同意。他對主教說：「我祈禱的時候可以抽菸嗎？」結果遭到拒絕。而另一位牧師也想在祈禱時抽菸，他就對主教說：「我抽菸的時候可以祈禱嗎？」結果，主教爽快地答應了他。

這個小故事充分說明了說話技巧的重要，它可能讓原來辦不成的事快速順利地辦成。

在推銷過程中，正確的談話技巧也十分重要，它甚至可以改變整個推銷局勢，使幾乎不成的事奇蹟般地辦成。

最常見的談話技巧，當推「兩點式」談話法，也就是說，你只向顧客提供兩種選擇餘地，而無論選哪一種，都會迫使對方成交。

舉個例子，如果你是推銷員，為一家刀具公司推銷刮鬍刀片，如果你問：「您需要多少刀片？」這樣的問句顯然不夠聰明，如果你改成「兩點式」問法，效果就大不相同。比如你問顧客：「您要買兩盒還是三盒刀片？」這樣即使顧客根本就不想買，也可能在這樣的問句下決定至少買一盒。

另一個能促成交易的談話技巧就是少用否定句而多用肯定語氣。因為否定句在否定對方的意見後，會讓顧客很不高興，並可能連進一步商談的餘地都沒了。而採用肯定句，往往能產生意外的好效果。

舉例來說，當顧客問：「這個吸塵器有紅色的嗎？」若推銷員用否定句回答：「沒有。」這樣，顧客就很可能說：「對不起，既然沒有紅色的，我就不買了。」

對於同樣的問題，推銷員用肯定句回答，效果必然就不一樣。比如顧客問：「這個吸塵器有紅色的嗎？」推銷員可以回答：「現在只剩下黃色和藍色兩種，這兩種顏色都很好看。」這樣一來，顧客很可能願意繼續與你交談，最後改變主意，買了臺黃色吸塵器。

還有一個談話技巧對推銷員來講至關重要。這種技巧的核心就是你要針對自己的產品，設計出不會遭到拒絕的問話。

有時候，顧客可能不假思索地拒絕購買，這樣，你們商談時就可以問：「你的產品是否防曬？」而不要問：「您是否需要防曬油布？」如果你要推銷簡易帳篷，不要直接問：「您是否需要帳篷？」你應該這樣問：「您的倉庫夠大嗎？」

與顧客商談時，要避免直接問顧客：「你需要什麼？」這種問句一旦遭到拒絕，商談便無法進行下去。聰明的推銷員會想盡方法讓談話繼續一段時間，好使對方對自己的商品產生興趣。這樣，開頭的問話就顯得十分重要，除了上面列舉的幾個例子外，你通常可以這麼說：「我想和您做筆生意，不知您是否感興趣？」這樣的問話會讓顧客提起精神來談下去。

推銷員說話的十大禁忌

俗話說「良言一句三冬暖，惡言一語六月寒」。推銷員一旦跨入語言的禁區，就會把所有客戶來源切斷。我們常看到推銷員在推銷產品時因為一句話而毀了整筆業務的現象。其實，推銷員若能避免與客戶談話時失言，業務必定能百尺竿頭。

那麼，推銷員與客戶溝通交流時，要如何管好自己的口，用好自己的嘴，要知道什麼話該說，什麼話不該說。以下是在推銷中說話的九大禁忌，推銷員一定要謹記心間。

- **少用專業術語**：推銷員在推銷產品時，滿口都是專業詞彙，這會讓客戶無法接受。連產品的各項用途都聽不懂，還談何購買呢？比如推銷保險產品時，由於每一份保險合約中都有死亡或是殘疾的專業術語，客戶大多忌諱談到死亡或殘疾等字眼，如果毫無顧忌地與顧客這樣講，一定會讓對方心生不快。
- **杜絕主觀性議題**：推銷員在推銷產品時，與推銷無關的話題最好不要參與議論，特別是涉及主觀意識的話題。對於此類話題，不論你說的對或錯，對推銷產品都沒有實質意義。

  推銷員由於沒有足夠的經驗，在與客戶交往的過程中，往往會隨客戶一起討論一些主觀性議題，最後意見便會產生分歧。有的人儘管在某些問題上取得優勢，但爭論完後，這筆業務也就告吹了。而有經驗的推銷員，在處理這類主觀性議題時，起初會隨著客戶的觀點展開一些議論，但爭論中會適時將話題引向推銷產品上來。總之，與推銷無關的東西就該全部放下，特別是主觀性議題，推銷人員應該盡量杜絕，最好做到閉口不談。

- **不說誇大之詞**：關於誇大產品功能這一行為，客戶日後使用產品的過程中，自會清楚你所說的是真是假。不能因為一時要達到銷售業績，就誇大產品功能和價值，這勢必會埋下「定時炸彈」，一旦產生糾紛，後果將不堪設想。任何一個產品，都存在好的一面與不足的一面，推銷員理應站在客觀角度，清晰地與客戶分析產品的優勢，幫助客戶「貨比三家」，唯有知己知彼，熟識市場狀況，才能讓客戶心服口服地接受你的產品。
- **不說批評性話語**：批評性的話語是眾多推銷員的通病。在說話時，常不經大腦脫口而出。見到客戶的第一面就說「你家的樓真難爬」、「你家的水龜好大」等等，這些不經大腦脫口而出的話裡包含著批評，雖然無心批評，只是想找到一個交流的契機，但在客戶聽起來感覺就不舒服。

  每個人都希望得到對方肯定。每個人都喜歡聽好聽的話。推銷員在推銷時，每天都在與人打交道，讚美的話語應該多說，但也要注意適量。否則，會讓人覺得虛偽造作，缺乏真誠。與客戶交談時的讚美要發自內心，不能不著邊際地瞎說，要知道，不卑不亢的自然表達更能獲取人心，讓人信服。
- **禁用攻擊性話語**：多數推銷員在說出攻擊性話語的同時，都缺乏理性思考。殊不知，無論是對人、對事、對物的攻擊話語，都會造成準客戶的反感。因為你說的每一句話都是站在一個角度看問題，但不見得每個人都與你站在同樣的角度。表現得太過主觀會適得其反，對你的推銷也只是有害無益。
- **少說質疑性話語**：「你懂嗎」、「你知道嗎」、「你明白我的意思嗎」等質疑性的話語應該盡量避免。有的推銷員總喜歡以老師的口吻質疑客戶。這樣客戶會產生反感，覺得沒有得到最起碼的尊重，反抗心理也會隨之產生，這可說是推銷的一大禁忌。如果推銷員實在擔心準客戶在講解過程中不明白，可以用試探的口吻了解對方的意圖。如「有沒有需要我再詳細說明的地方？」也許這樣比較能讓人接受。

- **迴避不雅之言**：每個人都不願與那些出口成髒的人交往。不雅之言對我們推銷產品必會帶來負面影響。例如，在推銷保險時，最好迴避「沒命」、「完蛋」這類詞句。有經驗的推銷員，往往在處理不雅之言時，會委婉地表達這些敏感詞。如「出門不再回來」等代替。
- **變通枯燥性話題**：在推銷中有許多枯燥的話題不得不為客戶講解，而這些話甚至光聽都想打瞌睡。所以，建議推銷員還是將這類話題講得簡單一些。這樣，客戶才不會產生倦意，有效達到推銷的效果。
- **避談隱私問題**：與客戶打交道時，主要是掌握對方的需求，而不是大談隱私問題。就算你只談自己的隱私而不談論別人，試問你推心置腹地把自己的婚姻、生活、財務等狀況和盤托出，能對你的推銷產生實際進展嗎？這種「八卦式」的談論毫無意義，浪費時間不說，更浪費推銷的商機。
- **10. 忌炫耀**：與客戶溝通談到自己時，要實事求是地介紹自己，稍加讚美即可，萬萬不可忘乎所以、得意忘形地自吹自擂、炫耀自己的出身、學識、財富、地位及業績和收入等等。這樣會人為地造成雙方的隔閡和距離。要知道人與人之間，腦袋與腦袋是最近的；而口袋與口袋卻是最遠的，如果還一而再再而三地炫耀自己的收入，對方就會感覺，你向我推銷保險是來賺我的錢，而不是來為我送保障的。記住，你的財富屬於你個人；你的地位屬於你的公司，只是暫時的；而你的服務態度和服務品質，卻屬於你的客戶，是永恆的。你在客戶面前永遠是他的保險代理人、服務員。

綜合上述所言，推銷員在語言上若不知顧忌，就會造成推銷失敗；不知語言的好處，就會停滯不前。因此，與客戶談話時，一定要懂得以上的十大禁忌，以避免在日後的推銷過程中出錯。

第六章
電話之術，千里「姻緣」一線牽

湯姆‧霍普金斯（Tom Hopkins）曾說過「電話是你第二重要的推銷工具，第一是你的嘴巴。」電話線真奇妙，靠它就能傳遞許多消息。許多現代的姻緣就靠這一條小小的電話線牽連而成。電話這一現代產物，重新詮釋了「千里姻緣一線牽」這句古語的新意。推銷員若能好好利用電話預約這個便捷的工具，就能取得事半功倍的效果。

膽大者的電話推銷

原一平曾說過「取得與客戶溝通的權利，是邁向推銷成功的第一步。」在電話推銷行業中，整體的成功率並不高。有的產品推銷起來比較簡單，成功率較高。而有的產品推銷起來比較複雜且價格較高，成功率則較低。這就意味著，在做電話推銷時，拒絕是一種常態。

那麼，要如何面對客戶的拒絕。推銷員一方面要提升自己的電話溝通水準，降低被拒絕的機率。另一方面要學會自我調整心態，勇敢面對每一次拒絕，每個人都有很大的潛力，不要受到打擊就感到絕望。要勇敢面對一切問題，才能不斷成長，最後達到成功。

王立是某保險公司的推銷員，回想他第一次用電話聯絡客戶時的情景感慨萬千。那時，她第一次用顫抖的手拿起沉重的話筒。

電話鈴聲響過之後，另一頭拿起電話，是個中年婦女不耐煩的聲音，王立陪著笑臉說：「我、我是某保險公司的，請問您。」那婦人透過電話就不耐煩地說：「做業務的啊，沒有。」「砰」，電話被掛斷了。

當她艱難地撥打第二通電話時，一個女士接起電話，警覺地問她是做什麼的，當王立說出緣由後，她說了聲「不做」，也順勢將電話掛斷。

就這樣，從早到晚，王立遭到無數次拒絕與打擊。所有的電話都毫不留情地對他掛上，只剩最後一個電話號碼，王立這時反而不再害怕。不知為什麼，她心頭莫名地湧起一種悲壯，兩手不再顫抖，從容地微笑著。

最後一個電話接通了，是個少女微笑的聲音。她說：「這是你打的第幾通電話啊？」

「我今天所有電話號碼的最後一個。」。

「真不容易啊。」。

而實際上，在打第一通電話時，王立就緊張地喘不過氣，甚至結巴地連話都說不出來。王立十分感動，因為少女用同情鼓勵了她最後的努力，並給了她信心，而她在下班時，也對所有被掛斷的電話心懷感激。

她心懷感激，而不是詛咒。因為從某種意義上，是他們激發了她的鬥志，進而戰勝了羞怯，強化了信心。

每個人都有膽怯心理，世界上不存在無所畏懼的人，任何人面對陌生環境、陌生人群都會產生恐懼心理，有很多推銷員因此很難輕鬆面對任何一個客戶，這是人性使然，是正常的心理反應。其實從打電話開始，一直到令人滿意地簽下合約，這條路上處處充滿驚險。因為你急切想得到，所以害怕會失去。要如何避免這種狀況發生呢？

無疑只有靠內心的自我調節，這種自我調節要基於以下考慮：就像推銷員的商品能解決客戶的問題一樣，優秀的推銷員應該能引導客戶做出正確的決定。成功的途徑很多，在每一條路上，你都需要保持冷靜，並有信心地堅持目標，別怕讓客戶下決定，即便結果出乎你的意料。

在客戶面前感到膽怯，很大程度上是源自打電話給客戶時，有種潛意識的職業自卑。覺得自己似乎是在向陌生人乞討，而不是幫助他人。產生職業自卑感的重要原因在於沒有認知到自己工作的社會價值。當你感到緊張時，可以設想一下生意成交後的美景，客戶對你的服務無比滿意。這樣的想法有助於化解緊張的氣氛，鎮定自若地與客戶周旋。

因此，在打電話拜訪客戶時，一定要大膽。如果膽子不夠大，心理不夠堅強，那麼就會直接影響你的成功機率，針對這個問題，有以下應對策略，僅供參考。

- 心態不正確，心裡總是想打陌生電話找不到人，更何談銷售產品。
  應對策略：不是每通電話都能找到人，也不是每個電話的接聽人都能如你所願，因此，心態要平和。

- 不清楚如何開頭，如何尋找潛在客戶：可以細心思索一些吸引客戶興趣和注意的辦法。關於如何尋找客戶，可以利用網絡、雜誌、報紙、電視、朋友介紹等管道獲得。
- 電話通了不知該說什麼：每個行業都是互通的，推銷員第一次與客戶通話很重要，你的公司可以編一套電話推銷的腳本，細節決定成功，推銷一定要重視細節。

電話推銷的祕訣

電話推銷就像約會剛認識的人，第一印象至關重要。然而，一定要弄清楚對方是不是你的客戶。如果與你通話的不是決策者，再好的推銷手段也是白搭。因此，做電話推銷時一定要熟識推銷的祕訣 。

- **熟練的行話**：如果你用銷售對象所在領域的行話說話，就比那些說話不著邊際的人更勝一籌。了解那些複雜的術語自然不錯，但更重要的是要知道該怎麼用。盡可能做到對商品的了解程度跟客戶一樣多。
  如果不知道客戶的名字，打電話前就要設法取得這方面的情報。這樣，不論誰接電話，都可能幫你找到知道的人。說話要主動，要問：「你們那兒的電子部門負責採購的是誰？」而不要問：「我能和電子部門的採購負責人談談嗎？」用前一種方式發問，可以省去雙方互相介紹的麻煩。
- **多姿多彩的語言**：選最好的詞彙和語句，做到仔細描述商品，還要用它為你的商品增添色彩，你推銷的不是鉛筆，而是用上好硬木和進口鉛芯做成的精密書寫工具。你推銷的也不是絞肉機，而是備受家庭主婦歡迎、最現代化、最省時高效的設備。

- **權威的口吻**：如果你的聲音微弱、意氣消沉或吞吞吐吐，那麼不等客戶聽完你的話，你就已經把自己打敗了。要積極主動。要以權威的口吻講話，對自己和自己要做的事信心十足。

一名優秀的電話推銷員從不撒謊或亂介紹自己的產品。要想把生意做下去，要建立有利的關係，電話推銷員必須誠實、講真話。靠謊言或半真半假的話做成的生意，十有八九會引起一大堆麻煩。

電話預約三部曲

電話預約的目的是為配合與潛在客戶見面而做的事前安排。那麼，如何取得預約也是一門學問。

首先，要先問潛在客戶幾個很明顯的問題，這樣可以讓他們覺得自在些。無論如何，不要太快跳到敏感問題，使對方很快就以不感興趣為藉口拒絕。

所提的問題一旦得到對方的好感，就可轉移話風，提出你的預約要求。但要自然地轉換話題，千萬不要跟潛在客戶爭辯，或強迫與貶低對方。

請不要直接稱呼對方的名字，也不要耍小聰明，說你是回覆他的電話，或說他的朋友要你打電話給他（如果你根本說不出這朋友的名字），更不要隨便給對方加上不存在的頭銜，以免引起誤解。

電話預約跟開門做生意一樣，最好還是童叟無欺。在電話預約中，你有 30 秒的開場白可說服潛在客戶聽你說話。這樣的開場白必須能引起他的興趣，要說明你是誰，你要做什麼，以及為什麼他應該聽你說話。立刻讓他們感受到你會為他們帶來好處。

清楚說出你的名字與公司名稱，然後說明你打電話的原因。告訴潛在客戶，你是如何知道他的名字，說明你的產品或服務有何好處，並說明具有哪些特點。問他有沒有時間，然後問他初步的試探性問題，判斷他是否可能成為你的客戶。以創意的態度開始，讓對方樂意聽你的產品說明。

一般情況下，電話預約主要分為三步：

試探性提問

接通對方的電話，預約員首先介紹自己所屬的公司，然後再進行試探性提問。例如：

推銷員：「本公司所生產的螺旋藻是深受消費者喜愛的保健品，希望能有幸拜訪您，對您進行說明。」

客戶：「……」

此時如果推銷員接著說：「下週六的上午或下午，您有空嗎？」

這樣做雖說是想取得預約，但往往會落空。因為客戶這時戒心還很強，很容易拒絕你，正確的做法是——轉變話題。

推銷員：「您服用過這種保健品嗎？」

客戶對此會做出三種回答：「正在服用」；「服用過」；「沒用過」。

誘導性提問

面對其回答，推銷員也可以有三種回答：「是哪家公司的產品呢，您服用的效果如何」；「為什麼停止服用呢」；「為什麼不服用呢」？

這些提問都會成為介紹你公司產品的鋪陳。根據回答，就可以抓住機會，及時介紹你公司商品的優點和銷售服務。

這時客戶會向你了解本公司產品的特點和銷售服務。你可以順勢進一步提問，誘導進入下一階段。

推銷員：「服用這種保健品，您是否覺得身體比過去好呢？」

想像式提問

對於剛才的提問，如果對方的回答是否定的，你就應該做出使對方切實感受到你公司產品好處的提問。例如：

「本公司產品的原料和工藝都是一流的，用戶的口碑都很好，你是否應該了解一下呢？」

「好吧。」。

如果得到這樣的回答，就是準確無誤地告訴你已經取得預約。即使對方沉默不語，但也說明時機已相當成熟，你的一隻腳已經邁入預約的門檻。

預約中遇到的問題

跟潛在客戶說話時，必須學會如何問問題，這往往是預約最好的方法。所以請記住下列要點，以改善電話預約的技巧。

- 擬出一套計畫。打電話前，必須很清楚你想知道什麼。
- 準備一串題目，每個題目都應有明確的問題。
- 徵求對方同意。有禮貌地請求客戶同意你的提問。
- 發問的時機要準確，不要好像在審問對方一樣。
- 先問些較明顯的問題，讓對方覺得輕鬆，使談話可以繼續。當對方顯示出需求與擔憂時，你的問題就可以轉變得比較明確。
- 從他的回答去發展話題，你的回饋要讓他知道，你正在仔細聽他說話。
- 問題的數量與形態要準備好。問題太少不好，而太多問題也可能令對方失去耐心。

- 不要問理所當然的問題，例如：「你當然希望價錢更便宜點啦」。這種問題是貶低客戶的智慧。
- 說話放輕鬆，閒話家常。讓對方結束對話並仔細聆聽。

除此之外，有幾個重點需要注意。第一，打電話給潛在客戶前，最好先寄推銷信。第二，不論是打電話還是面對面談話，都要表現得親切有禮、誠實可信。第三，要一再強調你打電話給他，是為了他的利益，協助他滿足需求。如果你不知道對客戶有什麼好處，就不可能推銷出任何東西。

電話中的藝術之音

推銷員與潛在客戶間的「姻緣」，也可以靠這小小的電話預約來完成。在國外的推銷電話預約操作中，大都有專職的電話預約員。這些專職的預約員在經過嚴格的訓練後，他們從電話簿或其他資料中找出公司或住宅的電話，然後致電以取得同意推銷員登門拜訪的預約。

電話預約法可以使客戶很快對推銷的產品有初步印象，避免了推銷員陌生拜訪時的唐突與溝通不良。在電話預約前，若是先寄了直接郵件，則效果更好。

如今，電話預約速度快，靈活方便，可即時反饋資訊，同時也經濟，花費不多。那麼，推銷員用電話與潛在客戶取得聯絡時應注意哪些說話藝術呢？

- **具備帶笑的聲音：**人們常說「伸手不打笑臉人」、「相逢一笑泯恩仇」，可見，這一笑威力有多大。可是，在電話裡，對方看不到推銷人員的笑臉，那怎麼辦？讓潛在客戶聽到推銷人員的微笑，帶有笑意的聲音非常甜美動聽，也極具感染力。在聲音中放入笑容，並且笑出聲來，這是一招很有殺傷力的推銷技巧，因為人是追求美和快樂的動物，笑聲則傳達了一名推銷員的快樂，電話那頭的客戶當然願意和一個快樂的人交談。

- **專業的語言**：俗話說：「行家一出手，就知有沒有」。一名合格的推銷員在通電話時，語言表達是否專業，發音是否專業，處理問題是否專業等，都將給客戶留下深刻印象。
- **親切的語言**：一般情況下，利用電話預約的技巧，和正式拜訪時在初步交涉這一階段要注意的事項相去不遠，重點不外乎以下兩點：
  - **先取得對方信任**：誠信為立身處世之本，不論在哪一行都是如此。推銷員如果想把商品推銷出去，最基本的條件就是先取得對方的信任。如果是面對面接觸，客戶至少還能憑印象判斷，但在電話中根本沒有實體可做判斷的依據，只能憑聲音來判斷。因此，首先要注意說話的語調要客氣，要簡單明瞭，不要讓對方有受壓迫的感覺。
  - **說話速度不要快**：語氣要平穩，吐字要清晰，語言要簡潔。有許多銷售員由於害怕被拒絕，拿起電話就緊張，語氣慌慌張張，語速過快，咬字不清，這些都會影響你和對方的交流。我經常接到打來的銷售電話，報不清公司名稱，說不清產品，也弄不清來意，於是只好拒絕。有時光是弄清他的來意就要花上幾分鐘，再耐著性子聽完他的介紹，結果還是不明白產品到底是什麼？所以，在電話營銷時，一定要讓自己語氣平穩，讓對方聽清楚你在說什麼。語言要盡量簡潔，說到產品時一定要加重語氣，要引起客戶的注意。

原一平之所以能成為銷售之神，他把成功歸功於自己高超的說話技巧。他認為說話有八個訣竅：語調要低沉明朗。明朗、低沉和愉快的語調最吸引人，所以語調偏高的人，應設法練習變為低沉，才能說出迷人的感性聲音；發音清晰，段落分明。發音要標準，字句之間要層次分明。改正咬字不清的缺點，最好的方法就是大聲朗誦，久而久之就會有效果；說話的語速要時快時慢，恰如其分。遇到感性的場面，當然語速可以加快，如果碰上理性的場面，則相應語速要放慢；懂得在某些時候停頓，不要太長，也不要太短，停頓有時會引起對方的好奇和逼對方及早決定；音量的大小要適中。音量太大，會造成太大的壓迫感，使人反感，音量太小，則顯得信心不足，說服力不強；配合臉部表情，每一個字，每一句話都有它的意義。要懂得在什麼時候配上適當的面部表情；措詞高雅，發音要正確；再加上愉快的笑聲。

說話是推銷員每天要做的工作，說話技巧的好與壞，將會直接影響你的推銷生涯。最重要是：不斷練習、練習、再練習是成功的關鍵。

預約日期怎麼定

推銷員打過電話後，一定要登記，並加以總結，把客戶分類，甲類是最有希望成交的，要在最短時間內電話回訪，爭取達成協議，乙類，是可爭取的，要不斷跟進。

在電話預約中，取得預約後，預約的階段就暫告一段落。因此決定在何月何日何時拜訪就相當重要。如果客戶決定不了，則無法定下預約。這時推銷員應該尊重客戶。可以問「那麼哪天可以呢？」

不過，日期如果由客戶決定，因為心中還有些猶豫，因此很難下定決心。另外，一般的主婦會認為，雖說是推銷員，但也是家庭拜訪，必須把家裡打掃一番。或者擔心哪天的打掃要進行到什麼時候才完等等。想到這些繁雜的家務，就很難指定具體的時間。

因此，在預約推銷或在其他推銷中，經常使用的方法是「二選一式的提問」，不是讓客戶決定，而是由推銷員指定適當的時日。但為減少單方面指定的印象，詢問時可以擴大時間範圍，例如：「想必您一定很忙，那麼下週一或週三，您哪天有空呢？」或者「下週一，您看是上午還是下午好呢？」

如果回答：「都行」。就表示已取得預約的時間。

但是，雖有預約，由於一些原因，對方有時也會另改時間。這時你就要以同樣的方法另外指定時間。聰明的方法是指定在最初指定日之前。下週的指定日沒空時，可向前推：「那這週五上午或下午怎麼樣？」

如果向後推，客戶回答也沒空，就會無限期地推遲，最後不得不心灰意冷而放棄拜訪。

此外，約定一個「無法忘記」的拜訪日期，是許多推銷高手慣用的絕招。在推銷高手刻意確認時間後，比如說：「那就這樣說定了，星期三下午 3 點 3 分去見您。」客戶會比較不易忘記這個約定時間。與此類的還有 11 點 11 分，16 點 16 分等等。要是客戶問起，為什麼約這麼特別的時間，推銷高手就可以說：「我很重視時間分配，是個分秒必爭的人。」

無論如何，推銷高手必須避免定下諸如 10 點整，12 點整之類的整點時間。原因在於：客戶也有自己的時間計算觀念，下一階段的整點時間要做什麼，通常會在腦中先行計劃安排。如果你約整點時間見面，他會不由自主地認為你可能要花上他一整個鐘頭的寶貴時間。

如果約定 10 點 30 分見面，客戶會自動認為這個約會應該半個小時就夠了，這種情況下，他就比較容易接受。

巧妙地越過接線人

推銷員推銷產品最關鍵的一步，就是準確找到需要你產品或服務的人。然而，並不是每個企業都能清楚地告訴它的推銷員，如何用電話推銷進行客戶開發，找到需要自己產品和服務的人。

推銷員打電話尋找客戶的過程中，往往不會那麼順利地與潛在客戶見面。因為在最終的客戶面前往往還有接線人、祕書之類的障礙擋在我們面前。

因此，要想順利與潛在客戶溝通，就必須越過那些擋在你面前的障礙。那麼，要如何順利突破這些障礙呢？其中熟練懇求的方法是不錯的選擇。

每個人的內心都有為他人或社會付出的情懷、幫助他人的意願。因此，突破障礙的第一個方法就是幫助法則。

「陳小姐，您好！我有急事需要馬上跟王總討論，您可不可以幫我把電話直接轉給王總？」先提出這個願望，同時你說的話又非常親切有禮，對方就很難拒絕。

商務電話溝通，最大的特點就是通話雙方在電話線兩頭，看不到對方的面貌舉止，所以你的聲音和語氣將決定對方對你的印象。如果想讓別人聽下去，就要給對方良好的印象，進而為自己塑造良好的電話性格。

與祕書溝通時要尊重他們。而尊重的語氣，首先表現在禮貌的寒暄、言語的適當停頓和聆聽祕書的反應上。如果你沒打招呼，語言唐突，術語太多，不顧接線人的反應，令對方不得要領，這樣不僅會導致祕書對你的第一印象欠佳，還會給人電話騷擾的感覺。

於是，在交談時還可以這樣說：「您好，我是某公司的王先生，有個樣品介紹單，我們想給總經理發個電子郵件，您知道總經理的電話吧，我想記一下。」

這個介紹單的真假無關緊要，關鍵是，這是個很好的試探，給雙方都留有談話的餘地，禮貌地迴避了那些引人反感的囉嗦話。因為清楚明瞭，合情合理，你就很容易得到接線人的認同。

在跟電話接線人員交談時，往往會讓人感覺說不清道不明，浪費時間。如果是市內電話或許還能耐住性子，但如果是長途電話恐怕就會著急了。

「您好，我是某某電腦公司，我們有些為電腦設計的配套設備，想與公司電腦部門的人接洽，您知道電腦部門的電話吧？我記一下。」

這裡用的是種倒裝手法，即把表述的內容濃縮成一句話，如果非專業的接線人對其中的具體問題或細節感興趣，那麼就讓他提，而不是業務員口無遮攔地忙著解釋。

另外要注意，推銷員應該先設法找到電腦部門的負責人，然後再從專業人員口中，尋找與決策者聯絡的方法。

巧妙越過接線人的目的是為了找到關鍵的決策者，也就是找到能拍板定案的人，他們才是你真正要找的目標客戶。

對於電話預約來說，一定要找到關鍵的決策者，如果做不到這點，那麼一切努力都是白費。

撥打陌生拜訪電話的話術技巧

據統計，許多推銷員用電話拜訪陌生客戶時成功率都很低，甚至遠遠低於正常水準。其中最主要的原因就是沒有注意電話溝通的方式，比如說詢問。巧妙的詢問在拜訪陌生客戶時尤其重要。它可以讓你在短短幾分鐘內，快速了解一個陌生客戶的實際需求，以及他們現在想找什麼樣的新品牌或產品等，這些重要資訊都有助於一個推銷員制定與修正自己的談判策略，提高拜訪陌生客戶的成功率。

因此，用電話拜訪陌生客戶時，需要注意四個步驟：

善於把握主動權和詢問時機

有的推銷員在接陌生客戶電話或拜訪陌生客戶時，常被對方「反客為主」：當客戶對自己公司的情況包括合作條件等都摸得一清二楚時，推銷員還不知道對方公司的主要業務是什麼，以及有關合作的真實想法和實際需求等。

因此，為了避免這種情況發生，推銷員要善於把握發問的主動權，在完全掌握對方的資訊前，如果對方欲了解詳細的合作細節，推銷員則要避免談及細節，可以大略敷衍幾句，然後在回答時話風一轉，繼續向對方發問。

說出自己所在公司的名字

如果你打電話給一家公司，只是機械式地說：「早安，李先生，我是某保險公司的小張」。對方可能不知道你是誰，或者不知道你們公司是做什麼的。於是對方可能無法做出你所期待的回應，而你也可能沒有進一步解釋的機會。這次電話溝通也就可能無疾而終。所以一開始，你必須在電話裡做簡單介紹，或者說利用廣告宣傳本公司。

例如：「早安，王先生。我是 XX 人壽保險公司的張小平，我們公司負責為您的人生理財做出具體規劃，現在已有數百萬人因本公司而受益。」

進行認證性或徵詢性的闡述

在陌生拜訪電話中如果加上一句詢問性的話，可以使對方有機會以你想要的相應方式回答你。這一問題必須是以你打電話給對方的原因為基礎。

在這裡，認證性或徵詢性的問題必須是剛才所說內容中簡單而符合邏輯的延伸，必須要有邏輯。例如，最好的表達方式為：

「王先生，我相信您會和我們合作過的人員一樣，希望擁有效率更高的人生理財規劃吧？」對方可能會說：「是的，我很感興趣。」

接下來你可以和對方約定見面時間和其他事宜，而這次陌生拜訪電話也就算是順利完成。

說出打電話的原因

說出打電話的原因這點特別重要。如果你打電話希望約一次見面的機會，最好直接說：「我今天特意打電話給您的原因，是想和您約個見面的機會。」現在設想一下，這樣說會是什麼後果？考慮一下，如果你打電話給一百萬人，跟他們說同樣的話，會有人同意和你見面嗎？絕對有，甚至會很多。只因為他們不清楚你打這電話到底是為什麼，或者同意見面只是因為這是你同意的。另外，如果你不告訴接電話的人你打這電話的原因，讓對方知道你想做什麼，恐怕很難達到約定會面的目的。

透過電話「看見」對方

一位頂尖推銷員要與程經理約定見面地點。從電話裡他得知程經理當月 12 日剛從海邊度假回來。

12 日過後幾天，他打電話給程經理，開場白是：「我的天，程經理，你的皮膚曬得真漂亮。」程經理啞然失笑，這位老兄能從電話裡「看見」

我嗎？他認識我嗎？

這樣距離一下就拉近許多，氣氛也就馬上熱絡起來。推銷員告訴程經理，為什麼自己「看」得見程經理曬出一身健康的膚色，然後話風一轉，說出打電話的本意。相信有如此不同凡響的開場白，後面的商談就會順利很多。

接下來的每一句話都要有適當的間隔，並且主旨明確，不要拖泥帶水，說了半天也未深入核心。要養成在打電話前，先寫下重點的習慣，就不會有這種現象。

但是，凌晨或半夜打電話給對方，通常都不受歡迎。又如，上午八點到十點左右（尤其在星期一）的時段，是上班族最忙的時候，打電話最好錯開這個時段。因此，有必要知道對方「何時比較空閒」，以免引起對方的困擾或反感。

若在對方公司最忙碌的時段打電話給對方，會經常由於「通話中」而無法通話。因此，必須有一套避開電話高峰時段的方法。

一般公司的高峰時段是這樣的。上班後的一、二小時內，午間休息後的一、二小時內，與即將下班的時間。無論如何，在打通時別忘了說一句；「對不起，在您工作正忙時打擾您……」。

打電話等於在眾人面前與對方會晤。因此，你必須注意「情報外洩」的問題。例如，對方打電話來找A，接電話的是B，B問A「要不要接」，A說不要，這時的「私語」如果不小心被對方聽到，就會引起各種誤解。

又如，用公用電話打給對方說：「我還在青年路，趕不上約定的見面時間，對不起……」這時候，旁邊正好有一輛廣播車駛過，大聲廣播說：「我們是交通隊，前面發生車禍，請各車輛繞道行駛……由於沒有遮住話筒，這些聲音都被對方聽到，這樣也會導致客戶產生誤解。

電話邀約的三大心態

在電話預約推銷的過程中，推銷員所面對的心理壓力很大。因為或許一不留心，自己的話語便會導致客戶掛斷電話。這會在推銷的過程中造成重大的心理陰影。那麼推銷員在做電話推銷的過程中應該具備哪三種有益身心的良好心態呢？

給予的心態

假設打電話給客戶，目的只有一個，就是讓自己為他提供一次商談的機會。雖然邀約的目的很明確——是為了見面，但目的不能僅僅停留在見面的層次上，更主要是希望見面以後能幫助他，客戶使用我們的產品，就是幫助他解決自身存在的問題，因為邀約的目的是給予而非索取，打電話是為了幫助客戶使其擁有更美好的人生，如果以這樣給予的心態去打電話，那麼態度就會改變。

因此不需要為邀約失敗而傷心，也不需要為客戶爽約而難過。難過是因為沒有以給予的心態幫助別人，而是索取之心太重，只有發自內心的真誠幫助，對方才能感覺得到，他也會明白此刻你的邀約是為了要給他機會，反之，假如邀約的目的是為了索取，那麼一定會以急躁的心理讓客戶感受到不安，無論是從語速、語調、還是情緒，都會讓對方感覺到，這次電話的目的，你是為了從他身上得到某些好處。客戶自然會拒絕。

積極的心態

邀約時積極的心態尤為重要。之所以有這樣的結論是因為，當一個人接起電話，雖然接電話的動作非常簡單，但也包含著人的內心狀態和習慣，對於不好的狀態和習慣，我們就需要學會突破。很多時候人們拿起電話或在打電話途中，心裡總是帶著消極或積極的心態。

有很多推銷員，一旦拿起話筒，就開始疑惑自己是否應該撥號，撥號的途中又在擔心電話另一頭如果沒人怎麼辦，或者對方不接聽該怎麼辦，或者邀約成功，客戶爽約怎麼辦；掛下電話更是坐立不安，害怕客戶應約而來，卻一字不聽就揚長而去怎麼辦；即使他耐著性子聽完，卻拒絕合作又該怎麼辦；甚至最後還杞人憂天地考慮如果成功談成生意，可是這樣的合作卻由於客戶的某種原因失敗了，是否不如一開始就放棄。一旦抱有這樣的心態去打電話，就注定每次的邀約都不會成功。

自信的心態

同樣在邀約的過程中，有的人非常自信，而有的人非常心虛，如同做賊一般，自信心就在此時體現得淋漓盡致。相信大家都有過這樣的經歷，某些人打電話給別人，只透過電話的聲波就可以分辨對方當時的心理狀態。那麼在電話邀約時，自信心的表現就在語速語調裡，自信者的聲音往往不過於激昂，也不過於低乏，同時表現出抑揚頓挫。

很多缺乏自信的人打電話時，語氣快速而飄忽，感覺好像放不開，帶著某種動機目的一般，對方在電話中感受到你內心的不安，自然會起戒心詢問你的來歷與目的。客戶一質疑，他的心裡就會敲起退堂鼓，結結巴巴地回答沒有事，於是心裡也馬上認定交流失敗而掛上電話，沒有自信心的人在進行電話邀約時，總是導致生意失敗，客戶拒絕合作，所以在邀約的過程中，自信心是非常重要的。

第七章
再訪之術，收復潛在客戶的心

在推銷的過程中，電話邀約之後便開始進行再次拜訪。如果到一個新的潛在客戶那裡拜訪被拒後，千萬不能洩氣，必須安排一個時間再次拜訪。要想拿到客戶的訂單，必須不斷努力，單憑一次拜訪是難以奏效的。

再次拜訪的技巧

做客拜訪是日常生活中最常見的交際形式，也是聯絡感情、增進友誼的一種有效方法。那麼，推銷員在與潛在客戶有了初步的了解後想要進行再次拜訪應該注意哪些技巧呢？

巧妙使用問候函

在問候函當中，賀年卡、簡訊都是不錯的「敲門磚」，即使在初次談話時粗暴拒絕你的客戶，都要獻上這份溫暖的心意。在再次拜訪前，如果希望突破拒絕，就趕快致以問候吧，誠摯的問候用語是最理想的。

在科技高速發展的今天，我們離傳統的信函越來越遠。不過大多數人的內心還是懷舊的，所以一封充滿誠心的信函更能發揮強大的效力。坦誠地與客戶溝通，誠心誠意地希望有機會能為其服務，選擇一些直率的用語，切忌千萬不要用晦澀難懂的文字。

不用信件，一張風景明信片也很有效力。如：「旅行時還記掛著我，多感動啊」。收信人往往會有如此感觸。

總之，時間越長，再次拜訪就越難啟齒。所以一張明信片、一個簡訊、一通電話等都能表達誠摯的問候。但有些推銷員總是以「明天再寫；最近一定找時間打電話」的猶豫態度拖延再次拜訪的時間，這樣事情只會變得更艱難。想到就做，才是專業推銷員的風範。

下定決心，直接再訪

明信片拜訪或電話拜訪只是單點式接觸，直接前去拜訪不是更好嗎？「好一陣子沒有聯絡，再去直接拜訪，確實怪不好意思的」。千萬不要有這種擔憂的念頭，與客戶面對面的商談才是成功最有效的方法。

對待客戶要時刻保持善意的關懷，可以讓交涉更順暢。在拜訪長期沒有往來的客戶時，要注意察言觀色，適時告辭，切忌死賴著不走。如果對方強留，當然可以多待一會。當客戶談的興致正高時，不僅要傾聽，更要表示頗有同感，以產生共鳴。別只是在那猛點頭，積極而適時地提出疑慮，更有意想不到的效果。人們對傾聽共鳴的人，很容易打開心扉。同樣，絕對避免中途打岔或專挑語病。

在再次拜訪吃閉門羹時，也要恭敬地告辭離去。氣憤地動粗口，等於抽自己的耳光 —— 說不定還真會招來耳光。禮貌地告辭，有時客戶反會覺得不好意思。

忍耐、忍受、容忍，也是非常重要的條件，當客戶不在或忙碌時，別忘了留下名片或是用個人信紙留言。

與上司同行

在拜訪許久未聯絡的客戶時，如果對方反應冷淡，不妨隔幾天後與上司一同前往再次拜訪。連上司都出馬了，客戶會覺得自己身價不凡，自尊心得到滿足，成交可能性自然就大多了。對傲慢的客戶，這招特別有效。

與上司一同拜訪時，不妨學學上司的應對方式，也可趁此機會見到平常不易見到的客戶負責人。

交談之妙、商談之契，在於微笑。輕鬆的氣氛很重要。卑躬屈膝的時代已經過去，滔滔不絕、逢迎諂媚的態度只會引起反感，無異於自掘墳墓，而且又傷自尊。

推銷員是種忍耐的職業。被拒絕、再拜訪；態度冷淡，還是要繼續拜訪。一而再再而三地試圖說服客戶。銷售成功的過程，從來擺脫不了這個模式，每一個成功推銷的個案背後，都有推銷員數不清的汗水。

體驗姓名的魅力

姓名，雖是人稱的符號，但更是人生命的延伸。許多人一生奮鬥就是為了成功出名，所以人對姓名的愛猶如對自己生命的愛。這樣，你想要運用別人的力量來幫助自己，首先要尊重別人的姓名。

有位經營美容院的老闆說：「在我們店裡，凡是第二次上門的，我們規定不能只說『請進』。而要說：『XX 太太（小姐）請進。』所以，只要來過一次，我們就存有檔案，要全店人員必須記住她的貴姓芳名。」

如此重視顧客的姓名，不但便於美容店製作顧客資料卡，掌握其興趣與愛好；而且使顧客倍感親切和受到尊重，走進店裡便有賓至如歸之感。因此，老主顧越來越多，不用說，生意也愈加興隆。在推銷界，「記憶姓名」法是受到極力推崇的。

沒有名叫「顧客」的人

商店裡張貼著「顧客您好」，火車上廣播員親切地問候「乘客您好！」而你作為顧客或乘客，會倍感親切。但當店員問道：「客人，你想買什麼？」你會立刻不悅，甚至生氣。延伸至推銷活動，如果推銷員稱對方「顧客先生」一定不會有多少成功在等待他。

姓名最好不要問第二次，要一次記住，如果一時記不起來，可問一下第三者，就算迫不得已去問本人，也比叫聲「顧客」好得多。

不能第二次說「有人在嗎」

前面已說過，如果拜訪時單說：「有人在嗎？」可能沒人搭理你。可是如果喊道：「某先生在嗎？」那只要屋裡有人，一般都會出來開門。這便體現了名字的魅力。

如果你是第二次拜訪同一客戶，就更不該說：「有人在嗎？」而應該是喚出對方的姓名。這是縮短推銷員與顧客距離最簡單迅速的方法。記住姓名是交際時的必要。而交際等於推銷員的生命線，所以怎能不記住顧客的姓名呢？

當然，如果你記性不好，就要依靠顧客資料卡，把每一個有希望的顧客的一切資料都記在卡片上，隨用隨取，一定會大大有助推銷。

將上座讓給客戶

推銷員與顧客同處一室時應坐在什麼位置？把上座讓給顧客是應有的禮節。那麼，什麼位置是上座？具體可以這麼分：

- **有兩個扶手的是上座，長沙發是下座**：一般座位的配置，有兩個扶手的就是上座，要背對窗戶，反之長沙發總是面對窗戶，推銷員要把有兩個扶手的讓給顧客。如果座位配置不當，如果把有兩個扶手的座椅面對窗戶，則還是要以椅子的形式為主，推銷員應選長沙發坐下。
- **面對大門的是上座**：在房間靠裡面，即面對大門的是上座，而接近門口處的位置是下座。
- **在走道邊的是下座**：在咖啡館與顧客談生意時，靠牆壁的一方應是上座，靠走道的一方是下座。
- **在火車上面對前進方向的是上座**：如果與顧客同乘火車，要注意把面對前進方向的座位讓給顧客，自己則坐在背對前方的下座。

這些上下座的區分並不是有誰硬性規定的，而是一種「禮節」上的習慣。所謂「禮節」的規定都是基於謙讓的心理，也就是把方便舒適讓給對方，以表示對對方的尊重，這就是「禮節」。

如有兩個扶手的座位，坐起來當然舒適方便；面對窗戶的位置容易受到陽光直射而目眩；靠近入口或走道旁的座位，行人來來往往，比較嘈雜，另外端茶上菜時便於接手，理應由主人坐而把安靜處讓給客人。

如果你遵守了這些禮節，就表示你對顧客有尊重和謙讓之心，而客人一旦接受你的這種虔誠，自然十分高興，必定會「禮尚往來」，亦即投之以桃、報之以李。在談生意時你當然會因此而得到顧客的好處。

但推銷員如果將上述禮節置之不顧，自己坐在上座，那麼談判時顧客被陽光照得睜不開眼，或顧客坐在靠走道邊為你接過茶酒，就會使顧客產生你把他當成自己的「店小二」，非得巴結你似的感覺，當然也就會產生厭煩心理：「這筆生意又不是非你莫屬，還是去找懂禮貌的公司吧」。即使這次非與你做生意不可，下一次你就一定會失去這家客戶。

人們總喜歡受到別人尊重，憎恨受到任何小節上的侮辱和怠慢，對顧客以禮相待，把上座讓給顧客，顧客則會把生意「還報」給你。

形象是張有效的通行證

推銷大師原一平曾經拜訪美國的大都會保險公司，該公司副總裁曾問他：「您認為拜訪客戶之前，最重要的工作是什麼？」

「在拜訪準客戶之前，最重要的工作是照鏡子。」

「照鏡子？」

「是的，你面對鏡子與面對準客戶的道理是相同的。在鏡子的反映中，你會發現自己的表情與姿勢；而從準客戶的反應中，你也會發現自己的表情與姿勢。」

注重自己的儀表，盡量讓自己容光煥發，精神抖擻，尤其要給客戶留下良好的第一印象，千萬不要為了追求時尚而穿奇裝異服，那樣只能使你的推銷走向失敗。只有穿戴整潔或與你職業相稱的服飾，才能給客戶留下好的深刻印象。

為此，原一平在近 50 年的推銷經驗中，總結出「整理外表的九個原則」和「整理服飾的八個要領」。

- **整理服飾的九個原則：**
  - 外表決定了別人對你的第一印象。
  - 外表會顯示出你的個性。
  - 整理外表的目的就是讓對方看出你是哪種類型的人。
  - 對方常依你的外表決定是否與你來往。
  - 外表就是你的魅力象徵。
  - 站姿、走姿、坐姿是否正確，會決定別人看你是否順眼。不論何種姿勢，基本要領是脊椎挺直。
  - 走路時，腳尖要伸直，不可往上翹。
  - 小腹往後收，看來有精神。
  - 好好整理外表，會讓你的優點更突出。
- **整理服裝的八個要領：**
  - 與你年齡相近的穩健型人物，他們的服裝可作為你學習的標準。
  - 你的服裝必須符合時間、地點等因素，自然而大方。還得與你的身材、膚色搭配。
  - 衣著若穿得太年輕，容易招致對方的懷疑與輕視。
  - 流行的服裝最好別穿。
  - 如果一定要趕流行，也只能選擇較樸實無華的。

・ 要使你的身材與服裝的質料、色澤保持均衡。
・ 太寬或太緊的服裝均不宜，大小應合身。
・ 不要讓服裝掩蓋了你的優秀素養。

除了外表與服裝之外，一些不良習慣也會嚴重影響你的形象，比如有的人會咬嘴唇、彈手指、抖腿、搖肩膀等，這些不雅動作會讓初次相見的人感覺厭惡。

倘若你有這樣的習慣，就必須馬上改掉，因為這樣的壞毛病就是阻礙成功的絆腳石。而這種強迫自己改變習慣的行動，就是一種強勁的感化力，面對客戶，如果你不具備這種強烈的吸引人、感化人的魅力，要想說服他是不可能的。

尋找客戶的弱點

時代不斷進步，大量資訊的集體轟炸使客戶有更多選擇，賣方也不斷推陳出新，競爭愈演愈烈。在這樣的時代，推銷員還能一成不變地套用老招嗎？該動動腦筋，想辦法提高效率了。

每個客戶都有弱點，找到客戶的弱點，就找到了進攻的切入點，而且效果奇佳。可惜的是，沒有多少推銷員真正懂得如何運用，大多是半途而廢。

例如：最愛談孩子、以妻子為傲、對外型頗有自信、以能力為傲等，不勝枚舉。老掉牙的阿諛奉承只會事倍功半。只有讓客戶由衷地感嘆共鳴，效果才大。新時代的推銷員必須具備逼真的「演技」。

問題點

初次拜訪客戶並不難，但再次拜訪就不那麼簡單了。為什麼這麼說呢？這不是說第一回拜訪很容易，而是說到一個從沒去過的公司拜訪或推銷產品固然很傷腦筋，不過一旦要進行再次拜訪，就需要巧妙的技巧。

面對僅僅打過一次交道，見過一次面，相互不太熟悉的客戶，怎樣才能打破僵局，讓拜訪成功呢？這就是再次拜訪的重點所在。

持久戰

推銷員都想用一、兩次訪談就談成生意，但這種事畢竟不多見。一般情況下，必須制定長期策略。有兩種情況可視為例外：一是只用一次沒有下次的產品；二是價格昂貴，由對方公開招標選擇的產品。那麼，推銷員制定持久策略應注意哪些問題呢？

只有能令對方歡喜的人才能成功，除此之外別無他法。要想讓交易成功，關鍵的一招就是要讓對方喜歡你。在你公司產品的品質價格及其它條件與別的公司差不多的情況下，只有對方特別喜歡你時，才會購買你的產品，不過要做到這點並不容易。

和男女戀愛一樣，客戶對推銷員有時也會施加考驗。拜訪一、兩次通常還無法達到目的，只有常來常往才會逐漸對你產生興趣，並進而信賴你、喜歡你，以至於佩服你。如果不動腦筋，只是隨便應付客戶，就算花上幾年時間也不會有效果，對方最多也只會用平淡的態度來應付你。

注意事項

再次拜訪與初次拜訪有不同的準備方法及注意事項，主要有以下兩方面：

- **要更開朗些**：「已經說過不訂你的貨，怎麼又來了」。再次拜訪就是在這樣尷尬的處境下，不是應邀而來而是自己硬著頭皮找上門。鑑於客戶已抱有成見和警戒心理，因此要以比第一次拜訪時更開朗的心情和對方接觸。若你準備不足，情緒就會立刻消沉，所以與初次拜訪相比，心情要更開朗，更放鬆一些。

  透過第一次拜訪，已經對對方的性格、興趣嗜好等有了初步了解。再次拜訪前主動積極準備些適合對方性格興趣以及嗜好的話題。面談時要盡量迴避對方不喜歡或不開心的話題，使對方先入為主的想法轉變為「這小子看起來還挺開心的。」
- **拜訪過程中要有彈性**：初次拜訪時若毫無結果，再次拜訪就該改變策略以閒談聊天為主。在時間方面，除非對方誠心誠意地說「咱們慢慢談吧，不必急著回去」之外，一般來說要速戰速決。不僅是再次拜訪，其他情況也是如此。即使事先約定的時間較長，但看到對方很忙，就要知趣地早點告辭。相反，若約定僅和對方見一見面即可，但對方有興趣想交換意見時，就不妨多待一會。道理雖然很簡單，但實際上不少推銷員就做不到這點。尤其是對一些想訂貨的客戶，千萬不要一去就賴著不走。

和客戶接觸絕不能光憑自己的熱情或站在自己的立場看問題，必須掌握對方的心理來順應對方，千萬不要千篇一律，要有彈性。一個專業的推銷員必須融會貫通這條基本規律。

再次拜訪的內容不僅是推銷產品，還要千方百計地「推銷」自己，使客戶買你的帳或對你抱有好感，進而達到推銷產品的目的。

如果對方推說正在接待來訪者或正在開會不能接待時，你只要誠懇地對接待人員說：「下次請給我一個見面的機會，哪怕時間很短也行。」如果你真的是誠心誠意，接待員一定會將你的意思轉達上去。

一分鐘的魅力

常有推銷員提出這樣的疑問：「公司規定我們每天要在固定時間從出差地打電話回來報告工作情況，但如果當時我們正好在跟顧客談生意，又怎能按時打電話報告呢？」言下之意，就是公司的規定不合理而苛刻。

對此，日本著名推銷專家原二見道夫說出自己的體驗：「有一次到了規定向公司匯報的時間，我正好在與客戶商談，而且正談到關鍵時刻，我實在無法抽空去找公用電話，而且我也知道附近沒有公用電話。於是我說：對不起，可否借用電話，公司規定我要在這時間匯報工作。

「第二天，我到公司上班，同事告訴我，昨天的那個客戶打電話來，說從未見過像我這麼遵守公司規定的推銷員，是位很難得的年輕人。還說他已決定與我成交。我聽了驚訝萬分，因為當時我還是個初出茅廬的新手，口才也欠佳，只知道上司的規定就該遵守，沒想會因此得到意外收獲，真是一分鐘換得一生的信任。從此，我更在工作上更加熱情且信心百倍，還潛心研究推銷方面的學問，因而獲益匪淺。

「我接觸過許許多多推銷員，得出一種感覺，就是但凡努力工作、勤勤懇懇的推銷員，總是規規矩矩地遵守公司的規定，而那些能力差、偷懶的推銷員，工作也總是拖拖拉拉，且找出種種藉口和理由。當然也會有因為正在談生意而不能打電話的情況，而大部分的真正理由都是想要逃避。請記住，花一分鐘去打電話匯報工作，有時會贏得一輩子的信任。」

有位成功的推銷員，他有種獨到的推銷策略，即每次登門拜訪客戶時，總是開門見山先說明「我只耽誤你一分鐘時間」，並按下手錶開始計時，再透過一份精心設計的方案，口若懸河地講一分鐘。時間一到，他就主動打住，留下資料，然後離去，不再耽誤客戶任何時間。說用一分鐘，就用一分鐘，分秒不差。而這帶給客戶的印象是「他說到做到」，也就是「有信譽」。三天後，這位推銷員再打電話，在電話中自我介紹時，客戶一定都還記得他，就是那個「只講一分鐘」的人。

再次訪談中的最後期限

時間就是壓力，推銷員在拜訪客戶時無法忘掉這種壓力。最後的幾分，有著一種無形的催促力量，使得客戶不自覺地去接受，最終以失敗結束拜訪。這就是為什麼將時間的效果定義為如此之大的緣故。它常會促使客戶做出你希望他做的決定。為此，只要在拜訪中占上風，就不要忘記使用時間的策略。

那麼，在具體使用最後時間的策略時，應該注意哪方面的內容呢？

- **不要激怒客戶**：最後的時間策略主要是推銷員的一種自我保護行為。因此，當你不得不採取這一策略時，要設法消除對方的敵意。語意要委婉、措詞要適當。最好以某種公認的法則或習慣作為向客戶解釋的依據。假如你遵循的是公認的習慣或行為準則，或者你有一定的法律依據，客戶在接受你時就不至於有怨氣。
- **給客戶一定的時間考慮**：這樣以便讓客戶感覺你不是在強迫他接受城下之盟。而是向他提供解決問題的方案。儘管這個方案的結果不是他想要的，但畢竟是他自己做出的最後選擇。
- **對原有條件也要適度讓步**：這樣能讓客戶在接受最後期限時有所安

慰，同時也有利於達成協議。時間就是壓力，他使得推銷員在拜訪客戶時無法忘掉的壓力。為此，所有的人都會全神貫注於最後的時間。

人的一切行為都含有時間因素。但眾多的經驗告訴人們，有些事的最終時限是不能踰越的，否則就會發生重大損失。在拜訪客戶的最後幾分鐘內，推銷員與客戶雙方所作出的每一個讓步都會影響以後合作的程度。

身為被動方的，總是希望下次還有再見面的機會。不過一旦雙方在談話過程中各持已見，爭執不下時，主動方便可利用這種心理提出解決問題的最後期限和解決條件。期限是一種時間性通牒，它可以使對方感到如不迅速做出決定，便會失去這個機會。

最後的期限會給訪談雙方造成很大的壓力，也會給對方一定的時間考慮。隨著最後期限的到來，對方的焦慮會與日俱增。因為，訪談不成，損失最大的還是自己。因此，在拜訪時，最後採用期限壓力，會迫使對方做出決策。

面對客戶的五大提問技巧

一般情況下，提問要比講述好。但要提有份量的問題並不容易。簡而言之，提問要掌握以下五點技巧。

連續肯定法

也就是推銷員讓顧客對他在推銷說明中提出的一系列問題，連續地回答「是」，然後，等到要求簽訂單時，已造成有利的情況，好讓顧客再作一次肯定答覆。

如推銷員要尋求客源，事先未打招呼就打電話給新顧客，可說：很樂意和您談一次，提高貴公司的營業額對您一定很重要，是不是？好，我想向您介紹我們的 × 產品，這將有助於達到您的目標，日子會過得更瀟灑。您很想達到自己的目標，對不對？……就這樣讓顧客一是到底。

但是推銷員提出每個問題時都要經過仔細思考，特別要注意雙方對話的結構，使顧客沿著推銷人員的意圖作出肯定的回答。

照話學話法

照話學話法就是首先認同顧客的見解，然後在顧客見解的基礎上，再用提問的方式說出自己要說的話。如經過一番勸解，顧客不由得說：嗯，目前我們的確需要這種產品。這時，推銷員應抓準時機接過話頭說：對呀，如果您覺得使用我們這種產品能節省貴公司的時間和金錢，那麼還要多久才能成交呢？就這樣水到渠成。毫不矯揉造作，顧客也會自然地下訂單。

誘發好奇心

誘發好奇心的方法是在見面之初直接向可能買主說明情況或提出問題，故意講些能激發他們好奇心的話，將他們的思路引到你可能為他提供的好處上。

如一個推銷員對一個多次拒絕見他的顧客遞上一張紙條，上面寫道：請您給我十分鐘好嗎？我想為一個生意上的問題徵求您的意見。紙條引發了採購經理的好奇心 —— 他要向我請教什麼問題呢？同時也滿足了他的虛榮心 —— 他向我請教！這樣，結果很明顯，推銷員應邀進入辦公室。

但當誘發好奇心的提問方法變得近乎耍花招時，用這種方法往往很少獲益，而且一旦顧客發現自己上了當，你的計畫就會全部落空。

單刀直入法

這種方法要求推銷員直接針對顧客的主要購買動機，開門見山地推銷，打他個措手不及，然後乘虛而入，對其進行詳細說服。

一問一答法

這種方法就是你用一個問題來回答顧客提出的問題。你用自己的問題來控制你和顧客的談話，把談話引向銷售程序的下一步。

顧客：這項保險有沒有現金價值？

推銷員：您很看重保險單是否具有現金價值的問題嗎？

顧客：絕對不是。我只是不想為現金價值支付任何額外的金額。

對於這個顧客，若你一味向他推銷現金價值，就會把自己推到河裡一沉到底。這個人不想為現金價值付錢，因為他不想把現金價值當成利益。這時你該向他解釋現金價值這個名詞的含義，增加他在這方面的認知。

用「非語言訊息」使客戶卸下防備

拜訪客戶時，推銷員還要掌握社交禮儀常識，包括穿著打扮是否得體。從微笑、握手、到坐姿，都有許多細節要注意。比如微笑，人際關係交往的原則告訴我們，沒有一個人會對愁面苦臉、心事重重的人產生好感。

美國傳播學家艾伯特．麥拉賓（Albert Mehrabian）曾提出一個公式：訊息的全部表達＝ 7% 語調＋ 38% 聲音＋ 55% 肢體語言。我們把聲音和肢體語言都視為非語言交流的符號。那麼在人際交往和推銷產品的過程中，溝通就只有 7% 是由語言進行。因此，推銷員再次拜訪客戶時，一定要充分運用「非語言訊息」使客戶卸下防備，最後坦誠交談。

那麼，推銷員再次拜訪那個客戶，在使用「非語言訊息」交流時有哪些事項需要注意？

目光的接觸

目光接觸是人際間最能傳神的非語言交流。「眉目傳情」、「暗送秋波」等成語便說明了目光在人們情感交流中的重要作用。

在訪談的過程中，聽者應該看著對方，表示關注。而講話者不宜迎視對方的目光，除非兩人關係已密切到可直接「以目傳情」的程度。講話者在說完最後一句話時，才將目光移向對方的視線。這是表示一種詢問：「你認為我的話對嗎？」或者暗示對方「現在該輪到你講了」。在人們往來和銷售的過程中，彼此間的注視還因人的地位和自信而異。

推銷學家在一次實驗中，讓兩個互不相識的人共同討論問題。預先對其中一個說，他的交談對象是個研究生，同時卻告知另一位，說他的交談對象是個大學多次落榜的中學生。觀察結果，自以為自己地位高的人，在聽和說的過程中都充滿自信地不住地凝視對方。而自以為地位低的人說話就很少注視對方。

衣著打扮

美國有位行銷專家做過一個實驗，他本人以不同的打扮出現在同一地點。當他身穿西裝，以紳士模樣出現時，無論向他問路或問事情的人，大多彬彬有禮，而且幾乎都是紳士階層的人。當他打扮成無業游民時，接近他的多半是流浪漢或是來借火點菸的。

衣著本身不會說話，但人們常在特定情境中以某種衣著來表達心中的思緒和建議的要求。在推銷往來的過程中，人們總會選擇與環境、場合和客戶相稱的服裝。

因此，推銷員在拜訪客戶時，檢查自己的穿著就很重要。這樣他們會喜歡你並認同你和他們是同一類人。那麼如何穿著呢？推銷員和客戶穿著一樣是最好的。穿著是客戶見到你的第一印象，得體的穿著會讓客戶心情放鬆。

身體姿勢

推銷員的身體姿勢會表現出他特定的態度。身體各部分的肌肉如果繃得太緊，可能是由於內心十分緊張、拘謹。在與地位高於自己的人來往時更是如此。推銷大師原一平認為：肢體動作是表達心態的一種行為。向後傾斜 15 度以上是極其放鬆的狀態。人的思想感情會從體勢中反映出來，略微傾向對方，表示熱情和興趣。微微起身表示謙恭有禮。身體後仰，則顯得若無其事和輕慢。側轉身子，則表示嫌惡和輕蔑。背朝對方，則表示不屑理睬。拂袖離去，則是拒絕往來的表示。

推銷員如果在推銷產品的過程中，想留給客戶良好印象，那麼首先應該重視與客戶見面的姿態表現。如果推銷員和客戶見面時垂著腦袋，無精打采，客戶就會猜想也許自己不受歡迎。如果不正視對方，左顧右盼，對方則可能懷疑你是否有交談的誠意。

巧送禮物

禮物的真正價值不能以經濟價值衡量，其價值在於溝通人們之間的情誼。原始部落的禮物交換風俗的首要目的是道德，是為了在雙方之間產生友善的感情。與此同時，人們透過贈送禮物，也能保持彼此間的往來。

在推銷過程中，贈送禮物是免不了的。向對方贈送小禮物可增添友誼，有利於鞏固彼此的交易關係。那麼大概多少錢的東西才好呢？在大多數場合，並非貴重的禮物就能讓受禮者高興。相反，可能因為過於貴重，反而使得受禮者覺得過意不去，倒不如送點富於感情的禮物，更能讓銷售對象欣然接受。

▌微笑

微笑如同一劑良藥，能感染身邊的每一個人。沒有人會對一位終日愁眉苦臉、深鎖眉頭的人產生好感，能以微笑迎人，讓別人也產生愉快情緒的人，最容易爭取到別人的好感。

微笑來自快樂，它帶來快樂也創造快樂。在推銷過程中，微微一笑，雙方都從發自內心的微笑中獲得這樣的訊息：「我是你的朋友」。微笑雖然無聲，但是說出了以下許多意思：高興、歡悅、同意、尊敬。一名成功的銷售員請隨時隨地將「微笑寫在臉上」。推銷大師原一平也正是藉助「38 種微笑」成為成功人士的。

拒絕前的應對策略

推銷員在拜訪客戶時，想要避免反對與拒絕，創造有利的情勢，就必須在客戶未反對與拒絕前加以預測，設法減輕其發生後的負面影響。但是當拒絕產生後，推銷員要分析動機，然後加以處理。

如果能在事前將客戶反對與拒絕的藉口消除，就能大大節省推銷的時間。因此，凡是優秀的推銷員，都會重視拜訪推銷前的準備。那麼，如何才能在事前消除反對與拒絕呢？

- **培養和諧融洽的氣氛**：多數企業在選取推銷員時注重的是「人品」。「人品」極受重視，對每個普通人來說，都有喜歡的對象或討厭的對象。而一名合格的推銷員，他所有的誠實和熱忱，都必須創造出和諧融洽的氣氛，好讓客戶感覺到。於是，為了防止反對與拒絕的發生，就要創造平靜的氣氛，培養「肯定的氣氛」，將客戶籠罩起來。在日常生活中，人們會說：「以服務精神從事推銷」。從科學觀點來說。這是很有道理的一句話。

- **進行合理恰當的預測**：對於每一個推銷員，在長期推銷某一產品時或多或少都會積累一定的經驗。在拜訪客戶時，大致上都能揣測出客戶在哪些方面可能會做出反對與拒絕的決策。在預測客戶的決策時，需要推銷員有豐富的知識累積。如對產品的認識，對準客戶情形的了解、對競爭公司實際情況的了解等等。這些知識都應適度運用，以適應客戶的心理狀況。
- **抓住產品弱點，先發制人**：無論何種產品，或多或少總有一些不能盡如人意的地方。例如與競爭公司的同類產品相比，在價錢或品牌知名度，或是相關性能方面，總能找出些弱點來。假如你唯恐別人發現你的弱點，因而努力強調各種優點的話，一旦被對方發覺缺點時，就可能反而遭到更強烈的拒絕。

  俗話說「欲蓋彌彰」，搞得不好的話，一切努力都要變成泡影。推銷員必須以先發制人的方式，自動聲明弱點，把弱點變成推銷上的一股力量，以迴避對方的反對與拒絕。比如說，若是弱點在價錢方面，我們就可以說「也許你會覺得這個價錢稍為貴了點？」這就是先發制人。然後你可以接著說，產品特性如何，優點如何，結果不如買這產品更划算等等。如此強調起來，往往缺點反而會變成解釋優點的最好素材。所以，對於產品的弱點，應以先發制人的方式聲明清楚。免得欲蓋彌彰，日後反而導致致命的反對與拒絕。

綜上所述，讀者務必注意，確立應付反對與拒絕的準備姿態後，在某個程度上，一定可以預防反對與拒絕的發生。

將「拒絕」變成訂單

推銷就是要和「拒絕」作戰。客戶對你的拒絕並不一定表示他就沒有購買意願，相反的是，客戶的拒絕正是成交的開始。推銷員可以說是與「拒絕」打交道的人，戰勝拒絕，才稱得上是營銷高手。

大家在戀愛時，大概都有這樣的經驗。妙齡少女對於年輕人的追求，總是「言不由衷」，頻頻拒絕，好像有一道固若金湯的心理防線。其實呢，如果年輕人真的轉身離去，這女孩大通常會很失望，因為她巴不得這年輕人拜倒在自己的石榴裙下。她的拒絕，只是出於少女的矜持而已。

推銷又何嘗不是如此？有經驗的推銷員都有這種經歷：有些客戶嘴裡雖然拒絕，但對商品卻愛不釋手，表現出欲購不能、欲罷不忍的樣子，這些正是他想要成交的信號。

所以說，客戶的拒絕，正是他對於商品產生興趣的時候，也正是成功的開始。只要我們能夠成功打消他拒絕的理由，立刻就能成交了。

一般來說，客戶大多會以何種形式拒絕呢？面對此種拒絕，推銷員又該怎麼做呢？

以「我沒錢」為藉口拒絕

客戶一臉真摯地對推銷員說：「不怕你笑話，我這陣子手頭實在有點緊。說實話，你的產品真不錯，我很想買，可是沒有錢，等我有錢之後一定會買，你看怎麼樣？」大多數推銷員一聽這種「藉口」，便覺得根本不可能成交了，你買東西，沒有錢難道就白給你不成？

有這種想法的推銷員白白放過了一個很好的成交機會。其實，客戶嘴裡的「沒錢」是很有彈性的，很可能就是種藉口。如果被這種藉口迷惑，就很難創造好的業績。

對付「沒錢」的藉口，就是要避免和客戶「沒錢」的藉口正面交鋒，要在他還沒說出口時，就預先封住他的嘴，讓他說不出「沒錢」兩個字。

以「以前用過，並不好用」為藉口拒絕

如果客戶說：「以前用過你們的東西，很糟糕。雖然你們說已經改善，但你們產品的品質我很清楚。」

面對客戶以這種藉口拒絕時，有很多推銷員往往會反駁說：「哪有這種事。」然後再將產品改善的部分囉裡囉嗦地說一遍，甚至還會跟客戶發生爭辯，爭得面紅耳赤。

之所以出現這種局面，或許是推銷員聽到他的產品或公司被人說壞話而感到氣憤。可是對客戶而言，不論他說什麼反對意見都絕無惡意，倘若客戶果真存有惡意，又何苦跟推銷員當面溝通呢？所以既然客戶願意與推銷員當面溝通，並能拿起他的商品瞧瞧，再說些反對意見，這種種行為就表示對製造廠商、對推銷員、對商品頗有好感，甚至有購買的意向。

以「改天再來」為藉口拒絕

有些客戶往往會用「改天再來」的藉口搪塞推銷員。用這種理由做藉口的，多半是優柔寡斷，自己無法決定的人，所以你要有點耐心，給他們留下一點下決心的時間，你可以對他說：「是呀，買這麼貴的東西，是要好好考慮一下。」然後把說明書留給他一份，過幾天再去拜訪。這樣，當他得到考慮的機會後，一般都能痛痛快快地成交。

以「我要跟朋友買」為藉口拒絕

當推銷員拜訪客戶時，很可能會碰到這種情況，他會先問一下產品的名稱和製造商，然後說：「謝謝你，你很辛苦。不過很抱歉，前幾天已經

買過了。」或是「很對不起，我不能跟你買，因為我有朋友在某廠家裡，都是熟人了，不跟他買有點說不過去。」

針對客戶的這種藉口，很多推銷員往往束手無策，最後只能知難而退，放棄產品推銷。其實這種失敗只是說明推銷員對這種相反論調的處理方法缺乏研究。的確，碰到這種立場不堅定的客戶，會讓人不知該如何開口，尤其是對新手來說就更無所適從。

推銷員在遇到這種情況時，千萬不能退縮，應該試著確定此話是否屬實。

「能向自己的朋友買再好不過了，你們是認識多年的好朋友吧。」此時客戶倘若善於應付推銷員的話，當然就另當別論。但是，通常客戶會說：「都好多年了。」

此時，你可以拿出一個參考意見，拿出產品說明書、圖樣來給他看，或是一邊操作示範勸他買下。但若客戶一點也沒有改變主意的樣子，就必須想辦法遊說，或是做個長期計畫，先慢慢成為客戶的朋友，再逐步進行推銷。

5. 以「我很忙」為藉口拒絕

有的客戶，會以「我現在很忙」來推辭。如果是這樣，一個聰明的推銷員就要迅速判斷他是「真忙」還是「假忙」，如果是真忙，你可以和他約好只談 5 分鐘。「我看你這麼忙，實在不好意思打擾你，不過請您給我 5 分鐘時間聽我幾句話，說完我馬上走，你看怎麼樣？」一般的客戶對這種要求通常都不會拒絕，所以，你可以抓緊這 5 分鐘時間將他說服，順利成交。

總之，拒絕並不可怕，拒絕正是客戶認可的開始。在面對客戶拒絕的時候，只要抓住客戶的心理，就能順利與他成交。

第八章
談判之術，最賺錢的商業策略

談判是社會生活中不可缺少的交往協調方式，不管你喜不喜歡，願不願意，每個人都會不知不覺成為一個談判者，經常參與各式各樣的談判。推銷員在買方條件下身為賣方，在推銷談判中的難度很大，因此除了要求推銷員具備一定的推銷能力外，更需要掌握推銷過程中的談判技巧。

談判的基本功

談判是說話藝術的一種。老子說：道，可道，非常道；名，可名，非常名。實在精妙無比。古人真是惜墨如金，文字越少越耐讀，越能給讀者更多想像和發揮空間。很多東西，我們只要把握原則即可，不必拘泥於某老師的理論體系，關鍵是受眾本人是否覺得有用和合適，適用原則是最高準則。否則就不要去用。

談判的基本功可總結為：沉默、耐心、敏感、好奇、表現。

- **保持沉默**：在緊張的談判中，沒有什麼比長久的沉默更令人難受。但也沒有什麼比這更重要。另外還要提醒自己，無論氣氛多麼尷尬，都不要主動打破沉默。
- **耐心等待**：時間的流逝往往能使局面發生變化，這點總是讓人驚訝。正因如此，我常在等待，等待別人冷靜下來，等待問題自己解決，等待不理想的生意自然淘汰，等待靈感來臨……一個充滿活力的經理總是習慣果斷採取行動，但很多時候，等待卻是人們所能採取最有建設性的方法。每當我懷疑這點，我就提醒自己有多少次成功來自關鍵時刻的耐心，而因缺乏耐心又導致了多少次失敗。
- **適度敏感**：某著名公司已去世的創始人，多少年來一直是美國商界人士茶餘飯後的話題。

  多年前，一名廣告代理商正在努力爭取該公司的生意。他第一次去總公司見總裁時，看到這位化妝品巨頭富麗堂皇的辦公室，華而不實並給人一種壓迫感。

  麥克卡貝回憶道：「當總裁走進這房間時，我準備聽他來場滔滔不絕的開場白。」可是他說的第一句話卻是：「你覺得這辦公室很難看，對吧？」

廣告代理商完全沒料到談話會這樣開始，不過總算咕咕噥噥地講了幾句他對室內裝潢有相同看法之類的話。

「我知道你覺得難看。」，這名總裁堅持道：「沒關係，不過我要找一種人，他們能夠理解，很多人會認為這辦公室布置得很漂亮。」

- **隨時觀察**：在辦公室以外的場合隨時了解別人。這是邀請「對手」或潛在客戶出外用餐，打高爾夫球、打網球等活動的好處之一，人們在這些場合，神經通常不會繃得那麼緊，能更容易了解他們的想法。
- **親自露面**：沒有什麼比這更讓人愉快，更能反應出你對別人的態度。這就像親臨醫院探望生病的朋友，和只寄一張慰問卡是有差別的。

擅長釣魚的人經常：先拋魚桿，魚上鉤後，並不急於收線，而是讓魚隨鉤先游一下，有點緩衝時間，再慢慢一拉，把魚釣上來。談判高手也一樣，在談判的關鍵時刻，往往不急於和對手達成共識，而是先推一下，再推一下，然後拉起來，這樣的談判往往比直接而強硬的方式更有效。

推銷員如何對客戶報價

推銷員到了實質推銷階段的重點就是價格。許多推銷員由於不會談價，要不是丟了訂單，就是訂單雖然談成，卻沒了利潤，只好自我安慰，就當是交個朋友。如今許多推銷員的底薪很低，全靠抽佣金來提高收入，如果掌握不好談價的技巧，雖推銷業績不錯，收入卻很低，最後只好離開推銷員的工作。所以，談價是推銷員最需要掌握的武器。

- **克服報價障礙**：推銷員要克服因害怕生意做不成，而一開口就報很低價格的心理障礙。優秀的推銷員開口報價時，應了解同類產品的價位，也了解自己的產品在同類產品中所處的價位。若是高價位，要回答為什麼高？是產品的品質比同類產品高，還是用的原料比同類產品好，還是使用上更方便，或更高科技，還是節約能源更環保。

總之，要讓客戶覺得你的產品的價格物有所值。若是中等價位則要回答：你的產品比高價位產品的優勢在哪裡？雖用了二等材料卻運用高等技術，在使用上並不遜於高價產品。或是品質相同，但就是要透過價位和高價位產品競爭。若是低價位，你要回答：自己的產品為什麼價位低？是用了新的工藝或是新材料，但一樣實用效果好。一句話：要講出產品定價的依據，來表示你報價的合理性。

- **不要輕易報價**：當客戶直接詢價時，要盡量透過問答方式了解客戶。比如可以問客戶需要的數量，需要的品質要求，有無特殊需求。還要了解客戶是直接用戶還是代理商。需不需要開發票，包不包運費。當弄清楚客戶是終端用戶後，報價時可適度地報稍低的價格；若是代理商，報價的前提則是要達到多少數量才能享受代理的價格。也可報含稅的價格和不含稅的價格，運費是否包含在內等等。
- **讓客戶出價**：也就是讓客戶自己說出要採購哪個價位的產品。有許多客戶自己心裡明白，只願意出一定的價錢購買產品。他們也許已經諮詢了許多供應商，只想採購低價位產品，只要品質過得去就行。對於這種客戶，你清楚了他的意願後，一定要報一款最低的產品價格給他，但要說明這款產品的劣勢所在，讓對方明白一分價錢一分貨。
- **分階段報價**：這種報價方式主要是針對中小客戶，因對方不告訴你自己的實情，你只好採取誘導的方式，比如：少量購買享受零售價的幾折優惠，多少數量享受批發價，必須一次提多少量的貨才可享受出廠價。

報價永遠要隨機應變，但要遵守一個原則：保障最低利潤的原則，如果低於利潤的最底線，那不如不做。

談判：問出對手的底牌

推銷員在與客戶談判的過程中需要很多技巧，而這些技巧也決定你是否能在談判中占據先機，能否完成自己的目標，並達到合作雙贏。

那麼，如何在談判中識別客戶，只有把客戶的方法搞清楚，把他的目的弄明白，你的談判技巧才能有的放矢。只要把客戶看得一清二楚，何愁不能運用那些談判技巧呢？何愁每一場談判不能照你的思路進行呢？

每個推銷員都要弄明白談判對手，必須要做好兩方面：「聽」和「問」。只要做好這兩方面，你的客戶在你面前就像個透明人一樣，接下來就只剩下完全跟著你的思路走了。

「聽」在談判的前段最為關鍵。每場精彩的談判都是從輕描淡寫的聊天開始，高明的談判者絕對不會先直接討論最主要的話題。那麼，推銷員如何才能將「聽」的技巧發揮到極致呢？

- **少說多聽**：推銷員就是要讓客戶多說話，而自己少說或只在關鍵時刻說。不要輕易打斷對方。哪怕客戶所說的觀點多麼不符合你的觀念，讓你異常厭惡，也要讓客戶先說完。當然，如果你認為雙方已經沒有談判的必要，那就另當別論了。不要熱衷於辯論。也許客戶的觀點和你的觀點格格不入，也不要和客戶辯論。當客戶的觀點和你不同時，不妨這樣表達：「有的人會這樣看待這個問題，好像跟你的看法有點出入，不知你是如何看待這種觀點呢？」
- **不要急於陳述你的觀點**：身為一個好聽眾，千萬要記住你是來了解情況的，來了解那些很難用語言描述的情況，所以你的觀點並不重要，關鍵是如何在了解他的情況後讓他接受你的觀點。了解客戶的立場和目的後，不妨重複一遍。很多時候，我們可能會誤會客戶的意思，即便兩人近在咫尺，也可能有詞不達意的時候，所以把客戶的立場和目的複述一遍是很重要的。

推銷員在認真地傾聽客戶的闡述後，要想讓他照自己的思路走，最好的辦法就是提問。

優秀的推銷員要設計自己的問題。首先要把問題分出順序，先提什麼問題，再提什麼問題，最後提什麼問題；其次，需要預估你的談判客戶可能會如何回答你的問題？針對他的回答，你接下來應如何應對？如果客戶會對你的問題做出完全出乎意料的回答，就最好放棄這個問題。只要你能根據客戶的情況設計自己的問題，客戶就會像個透明人一樣站在你面前，他的每個舉動對你來說都是意料中事。

推銷員的提問不外乎以下幾種方式：直接提問；間接提問；開放式提問等。直接提問一般是針對於客戶對這問題沒什麼見解或拿不出方案的時候。如：你這個產品的進貨價是多少？我應該給你什麼價格你才滿意？你從什麼時候開始有這個想法的？

如果想要客戶表達自己的意見，最好用間接提問的方式，不過使用間接提問時，客戶可能會離題。如：你是怎麼決定這個產品的零售價的？你在買這個產品時最看好的是哪些地方？你對廉價商品放心嗎？

開放式提問除了獲得資訊外，還有刺激思考、幫助別人判斷的功能。如：你對我們的新產品有什麼看法？你可以跟我說你是如何看待這些數據嗎？你對市場通路的建設有什麼看法？

談判者要學會拒絕的藝術

在推銷過程中，難免討價還價，這也是正常的，有時客戶提出的要求或觀點與自己相反或相差太遠，這就必須拒絕、否定。但若拒絕、否定的方式死板、武斷甚至粗魯會傷害對方，使談判出現僵局，導致生意失敗。高明的拒絕否定應該審時度勢，隨機應變，有理有節地進行，讓雙方都有迴旋的餘地，使雙方達到成交的目的。

幽默拒絕法

無法滿足客戶提出的不合理要求時，可在輕鬆詼諧的話語中設一個否定的提問或講個精彩的故事讓對方聽出弦外之音，既能避免客戶的難堪，又轉移了客戶被拒絕的不快。某公司談判代表故作輕鬆地說：「如果貴方堅持這個進價，請為我們準備過冬的衣服和食物，總不忍心讓員工餓著肚子瑟瑟發抖為你們工作吧！」

某洗髮精公司的產品經理，在抽檢中發現有份量不足的產品，對方趁機以此為籌碼不依不饒地討價還價，該公司代表微笑著娓娓道來：「美國有個專門為空降部隊傘兵生產降落傘的兵工廠，產品不合格率為萬分之一，也就意味著一萬名士兵裡會有一個因降落傘的品質缺陷而犧牲，這是軍方不能接受和容忍的，他們抽檢產品時，會讓兵工廠主要負責人親自跳傘。據說從那以後，合格率就是百分之百。如果你們提貨後能把那瓶份量不足的洗髮精送給我，我就跟與公司負責人一同分享，這可是我公司成立8年來首次碰到能用免費洗髮精的好機會喲。」這樣拒絕不僅轉移了對方的視線，還闡述拒絕否定理由，即合理性。

移花接木法

在談判中，客戶「要價太高，自己無法滿足對方的條件時，可移花接木或委婉地設計雙方無法跨越的障礙，既表達了自己拒絕的理由，又能得到對方的諒解。如「很抱歉，這個超出我們的承受能力……」「除非我們採用劣質原料使生產成本降低 50%才能滿足你們的價位。」暗示對方所提的要求可望而不可及，促使對方妥協。

也可運用社會局限如法律、制度、慣例等無法變通的客觀限制，如「如果法律允許的話，我們同意，如果物價管理部門同意，我們也無異議。」

肯定形式法

人人都希望被了解和認同，可利用這點，從對方的意見中找出彼此同意的非實質性內容加以肯定，產生共鳴，造成「英雄所見略同」之感，藉機順勢表達不同看法。某玩具公司經理面對經銷商對產品知名度的詰難和質疑，坦然地說：「正如你所說，我們的品牌知名度不高，但我們把大部分經費都用在產品研發上，生產出式樣新奇時尚，品質上乘的產品，上市以來銷量長紅，市場前景看好，有些地方竟然賣到沒貨……。」

迂迴補償法

談判中有時僅靠以理服人，以情動人是不夠的，畢竟雙方最關心的是切身利益，斷然拒絕會激怒對方，甚至終止交易。假使我們再拒絕時，在能力所及的範圍內，給予適當優惠條件或補償，往往能產生曲徑通幽的效果。電動刮鬍刀生產商對經銷商說：「這個價位已不能再降了，這樣吧，我再配給你們一對電池，既可當促銷贈品，也可另作零售，如何？」

房地產開發商對電梯供應商的報價比其他同業稍高極為不滿，供應商信心十足地說：「我們的產品是國家免檢產品，使用優質原料，進口生產線，相對來說成本稍高，但我們的產品美觀耐用，安全節能，況且售後服務完善，一年包換，終生維修，每年還免費兩次例行保養維護，可解除您的後顧之憂，相信您能做出明智的選擇。」

讓步後，馬上要求回報

要記住，無論何時，當買家要你讓步，你就該馬上要求一些回報。

「先生，我們的商場就要開幕了，原來說的星期五發貨，能不能提前到星期一？」

「可以可以，但我得幫你協調幾個部門的的關係，有點麻煩啊，這樣吧，你們先付一半的貨款，我去跟總經理說一聲，只要他一高興，下個命令就行了。」

「行，那就這麼辦。」

這可能發生下面一種或三種情況：

- **你也許真的能得到回報**：他們可能在想 —— 我們遇到問題了，我們要給他點什麼刺激讓他提前發貨呢。於是他們對你的提議表示同意，並作出讓步。他們也許馬上會說：「我會告訴出納，今天就開支票。」或者，「你們幫了這個忙，12 月我們新開的分店也用你們的貨。」
- **索取一些回報，提升讓步的價值**：談判時為什麼要把自己的東西給別人看呢？總要得到點什麼以後也許用得著的東西。「你還記得去年 8 月，你要我們提前發貨的事嗎？你知道說服我們這邊的人讓他們重新變更發貨日期有多難嗎？我們為你做了這麼多，你也別讓我們等貨款了，今天就給我們支票好嗎？」當你提高讓步的價值時，以後就可利用它禮尚往來。

- **阻止沒完沒了的過程**：這是你為什麼要用禮尚往來策略的主要原因，如果他們知道，每次他們對你有什麼要求時，你就會要求相應的回報，就能阻止他們不斷回頭要得更多。

你買的任何有形的東西在幾年後都有可能升值，但服務在你提供完後似乎很快就會貶值。

由於這個原因，談判高手都明白，做任何讓步時都應立刻要求回報，因為你給人家的好處很快就會失去價值。兩小時後它就會大大貶值。

你可能經歷過了這種事，買主打電話給你，你與他做筆小生意。他們那裡現在一片混亂，因為他們的長期供應商到目前都還沒發貨。現在整個生產線只好停產了，除非你明天一早就運一船貨給他們。聽起來是不是很熟悉？於是你徹夜不眠，重新安排各地的船隻，克服一切困難保證及時把貨運到，好讓他們的生產正常運行。你甚至親自到買主的工廠，親自監督卸船。買主喜歡你這樣！他來到碼頭上，你正勝利地用手撣去身上的塵土，他說：「真難相信你能為我們做這麼多，真是難以相信！你們太讓我們難以置信了！」

於是，你說：「喬，很高興能為你做這麼多。必要時我們可以提供這種服務，那麼現在是不是該考慮讓我們公司做你的獨家供應商？」

他回答：「聽起來是個好主意，不過我現在沒時間，因為我得過去看看流水線，保證正常運轉。星期一早上 10 點來我辦公室我們再商量。中午來更好，我請你吃飯。我真是太感謝你為我們公司做的一切，你真是太棒了！」

於是，一整個週末你都在想：「我成了！是他欠我的！」然而星期一過去了，還是和往常一樣難以和買主談判。出了什麼差錯呢？是服務貶值起了作用。你提供完服務後，它就會迅速貶值。

這個例子告訴我們，如果你在談判中讓步，就應立刻要求回報，不要等。不要坐在那裡想，因為你給他們的好處，他們欠你的。他們應該補償給你。

水電工就很清楚這點，他們知道一定要在開工前而非之後跟你談判。我房子外面有根管子出了問題，我請來的水電工看過之後，慢條斯理地搖頭說：「先生，我知道問題出在哪裡，我能幫你修好，你得付我 1,500 元。」我說：「好吧，你修吧。」

你知道他花了多少時間嗎？ 5 分鐘！我說：「等等，你做了 5 分鐘就要 1,500 元嗎？大學教授也沒有這麼賺錢的。」

如果你提供一種服務，切記：一旦服務完成，它就會迅速貶值。開始工作前要商量好價格。商量好一個公式，一旦情況有變，你就應該增加費用。如果可以的話先讓對方付款。如果不能，要在任務進行中讓對方逐步付款，或任務結束後盡快讓對方付款。

結束討價還價的絕招 —— 反悔

有一個介紹討價還價的有效方法——反悔。

買主守信的時候，你不必使用這個策略。當你覺得買主沒完沒了磨著你降價時再用。或者你知道買主想做成這筆生意，但他們心裡卻想：「再跟他講講看，看我的口才能賺多少錢。」

比如說你賣小飾品，每件 180 元。買家只願出 162 元，你們談來談去，最後發現你可能同意 172 元的價格。

然而買家想：「我讓他從 180 元降到 172 元，我猜還能再擠出 1 塊錢，我打賭能讓賣家同意 171 元。」於是就說：「生意現在真的不好做，除非你能降到 171 元，否則我不買你的東西。」

他可能只是引誘你，只想看看是不是能說動你。此時你不要心慌，阻止他軟磨硬泡的最好方法就是：「我沒把握能不能這樣做，但跟你說吧，如果我能讓步，我會同意的。」「我回去考慮一下看看，明天回來找你。」

第二天你回來了，並假裝要收回昨天作出的讓步，你說：「真的不好意思，我們整晚都在重新估算這些貨的價格，發現中間有某個環節出了問題，原料的價格已經上漲，評估人員沒有算進去。我知道我們昨天說的是 172 元，但現在連這個價格也不能給你了，173 元是我們可能同意給你最低的價格。」

買家的反應如何呢？他生氣了，說：「嘿，等等，昨天我們談的是 172 元，我們可以接受 172 元。」買主立刻就忘了 171 元。反悔的策略阻止了買主的軟磨硬泡。

你可以用這個策略反悔你答應過的某樣內容。下面是四個例子。

- 我知道現在我們正在商量免安裝費的問題，但現在我們的人告訴我，這個價格我們做不到。
- 我知道我們正在討論免運費的價格問題，但我的會計人員告訴我，這麼低的價格，我們簡直就是瘋了。
- 我知道你們提出 60 天的期限，但以這個價格，我們要求要在 30 天內付款。
- 是的，我告訴你，我們願意減免人員訓練的費用，但我們的人說沒辦法用這麼低的價格成交，我們只好收費。

不要在大事上動手腳，因為這樣真的會激怒買家。反悔是場賭博，但它可以迫使買家作出決定，通常要不是能讓買賣成交，就是讓談判破裂。

至少準備一個無理的要求

推銷員與客戶談判時要至少準備一個「無理」的要求，即重點零售客戶幾乎無法做到的要求。為什麼呢？

第一，當重點零售客戶向你提出「無理」要求時，你也要反擊，以制止他繼續在「錯誤」的道路走下去。

第二，能讓你以後可能根本算不上讓步的提議，聽起來像是讓步。

第三，挫挫重點零售客戶採購員的銳氣，降低他對談判的期望，他們才會真正敞開心扉和你交流。若他們希望你坦誠，他們自己就必須先坦誠。

心理平衡——價格談判的重要關鍵

價格是商務談判中最核心的部分，談判方（有雙方或多方）能否達成彼此都可接受的價格將決定談判成功與否。談判成功意味著談判方對彼此開出的條件都在自己可接受的範圍內，並認為己方在既定條件下實現了自己的目的，這也就意味著雙贏。然而取得雙贏談判的過程卻十分複雜而艱辛，這是因為談判方都想從對方那裡撈到更多好處，也總認為目前開出的不是最好的條件。當然，談判也不會這樣無休止地爭論下去，否則什麼事都很難談成了。在適當時機，談判方還是會握手言和，這個適當時機就是各方的心理平衡。所以，雙贏談判就是要達到各方的心理平衡。

要實現雙贏談判，就要懂得捨得，我們首先要做的就是分析形勢，做出明智選擇。有談判必有競爭，我們以賣方為例，在爭取客戶的過程中必然會有不少競爭者。包括自己在內的競爭者中，我們要做到知己知彼，明白自己和對手的優勢和劣勢，最好是做出一個 SWOT 分析表。如果在決定客戶選擇的關鍵項目中自己遜於對手，而且沒有可彌補的絕對優勢，那麼參與這場競爭的成功可能性就很小，就應果斷放棄，而不應盲目地投入。當然，做出這個選擇對任何人來說都很困難，但也比沒有結果的投入來得好。

經過分析與選擇，下面就進入與客戶的實質談判階段。在這階段，我們首先要分析「客戶價值主張」與「自身的資源與能力」。在這裡先解釋一下兩個詞語的含義，「客戶價值主張」指的是對客戶來說什麼是有意義的，即對客戶真實需求的深入描述；「自身的資源與能力」指的是企業自身為實現「客戶價值主張」所需要的資源和能力。這兩方面將決定我們與客戶的談判過程中的地位以及最終結果。

對於客戶價值主張，在實際操作中表現在客戶選擇產品或服務時的幾個關鍵指標。如客戶在採購大型設備時，主要關注的有品質、售後服務、價格、品牌等方面，那麼客戶在選擇供應商時也將對這幾個方面考察。企業「自身的資源與能力」在特定業務中應與「客戶價值主張」相對應，而且在和客戶溝通的過程中要圍繞著「客戶價值主張」來闡述和強調，以便讓客戶感覺你在滿足其需求方面有獨特的能力和優勢。

經過對「客戶價值主張」和「自身的資源與能力」的分析，我們就知道了自己可以打什麼牌以及怎麼打，接著就要馬上確定談判策略。如果我們自己在滿足「客戶價值主張」方面有獨特競爭優勢並得到了客戶一定程度的認同，我們開出的條件就應適度調高，這樣不但給自己留下一定的迴旋餘地，也增加了利潤空間。如果只是可以基本滿足且無特色的話，就應開出適度的條件讓客戶感覺到你的性價比和實惠性。

在滿足客戶需求後，談判的焦點就集中在價格方面，而其它方面的某些條件在一定程度上可以換算為價格。對於客戶來說，在滿足需求的基礎上，價格當然越低越好，此時客戶就會想盡辦法挑剔你的產品和服務來壓價。在這種情況下，如果你不是唯一供應商，也只有適度調價來滿足客戶的實際或心理需求。當然，在談判中不應無條件地讓步，你應該綜合衡量一下在價格方面的讓步可以換回什麼。如，你可以向客戶要求現金結算、建立長期供應關係或寬鬆的交貨期等。

討價還價的技巧

在推銷過程中除了有聲有色的講解外，同時還需要掌握一些推銷技巧，這樣才能使整個推銷解說過程表現得更加完美，更能打動每一位客戶。

客戶之所以在購買商品時討價還價，是因為他們對價格有很大異議或是追求成就感。對此，推銷員的應對策略首先是要自信，要突顯品牌的力量，建立不容置疑的誠信感；其次是對客戶適度地恭維與誇獎，使消費者獲得某種程度的滿足感，最後用執著打動客戶的心。那麼，在與客戶討價還價的過程中，推銷員應該掌握哪些技巧呢？

指利談價技巧

在推銷行列中，價格總是客戶最常提及的話題。不過挑剔價格本身並不重要，重要的是在挑剔價格的背後真正的理由。為此，每當有人挑剔你產品的價格時，不要爭辯。相反地，推銷員應該感到欣慰才對。因為客戶只有對你的產品感興趣時才會關注價格，你要做的是，指出價格符合產品的價值，這樣就可以成交了。

突破價格障礙並不是件困難的事，因為客戶如果老是在價格上繞來繞去，是因為他太注重價格，而不願重視他能得到哪些價值。

在此情況下，推銷員可以試試以下方法。要溫和地對客戶說：「王先生，請問您是否不花錢就買到東西？」你要耐心等待他的回答，他可能會承認，他從來就不期望買到的便宜貨後來能有很大的價值。

此時，要繼續對客戶說：「王先生，您是否認同一分錢一分貨的道理？」這是買與賣之間最偉大的道理，當你用這種方式做展示說明時，客戶幾乎都必須同意你所說得很對。在日常生活中，一分錢買一分貨。任何人都不可能不花錢就能買到東西，也不可能用很低的價格卻買到很好的產品。每次你想省錢而去買便宜貨時，往往會悔不當初。

於是推銷員可以用以下話語來結束交易：「王先生，我們的產品在這高度競爭的市場中，價格是很公道的，我們可能沒辦法給您最低的價格，而且您也不見得想要這樣，但我們可以給您目前市場上同類產品中可能是最好的整體交易條件？王先生，有時以價格引導我們做購買決策不完全是出於智慧。沒有人會為某項產品投資太多，但有時投資太少也有它的問題。投資太多，您最多是損失了一些錢，投資太少，那您要付出的就更多了，因為您購買的產品無法給您帶來預期的滿足。」在眾多產品中，很少人會以最少的價錢買到最高品質的商品，這就是經濟的真理，也就是所謂一分錢一分貨的道理。

當客戶了解推銷員是絕對真誠爽快的人後，他必定會了解你的價格無法退讓，這不是拍賣會，推銷員不是那裡高舉產品，請有興趣的人出價競標。推銷員是在推銷一樣價格合理的好產品，而採購決定的重點是，你的產品適合客戶，從而解決問題和達到目標。

高低並舉技巧

顧客購買產品一般都會採取貨比三家的方式。在這時候推銷員就要用自己產品的優勢與同行的產品比較，突出自己的產品在設計、性能、聲譽、服務等方面的優勢。也就是用轉移法化解顧客的價格異議。

常言道：「不怕不識貨，就怕貨比貨」。由於價格在「明處」，客戶一目瞭然。而優勢在「暗處」，不易被客戶識別。而不同生產廠家在同類產品價格上的差異往往與某種優勢有關。因此推銷員要把客戶的視線轉移到產品的優勢上。這就需要推銷員不僅熟悉自己推銷的產品，也要對市面上競爭對手的產品有所了解，這樣才能做到心中有數，知己知彼、百戰不殆。

另外，推銷員在運用比較法時，要站在公正客觀的立場，一定不能惡意詆毀競爭對手。透過貶低對方抬高自己的方式只會讓客戶反感，結果也會令推銷員失去更多推銷機會。

雙贏技巧

雖然推銷員展開推銷溝通的直接目的，就是以自己滿意的價格推銷出更多產品或服務，但如果只專注於自身的推銷目的而不考慮客戶的需求和接受程度，那這種推銷溝通注定要以失敗收場。所以推銷員必須要在每一次推銷溝通前，針對自己和客戶的利益得失進行充分考量。不僅要考慮自己的最大利益，也要考量客戶的實際需求和購買心理。

通常客戶都希望以更低的價格獲得更好的產品或服務。而推銷員則希望自己提供的產品或服務能獲得更大的利益。在此，推銷員應該了解，自己和客戶之間既存在相互需求的關係，又存在一定的矛盾衝突。如果能掌握客戶特別關注的需求，而在一些自己可以接受的其他問題上讓步，那就能讓雙方的矛盾得到有效解決。

化整為零技巧

推銷員在與客戶討價還價時，可以將價格分割開來，化整為零，這樣可以在顧客心理上造成相對的價格便宜感，使客戶陷入「買得不貴」的感覺中，這樣能比用大數目報價得到更好的效果。

如：「一盒才 5 元，也就是說一支才 0.5 元，很便宜。」「貴是貴了點，但仔細想想，這種產品很耐用，用個 5 年、8 年沒有問題，算下來每天的投入不到 8 毛錢，買個健康，何樂而不為呢？」 又如某化工產品每噸 7,000 元，推銷員在報價時就可報成每公斤才 7 元。相比之下，可見這種以公斤報價，比以噸報價更具吸引力，也更顯便宜。

因此，在報價時，推銷員不妨將價格換個說法，化整為零，化大為小，讓客戶從心理上減輕商品價格昂貴的不利影響。這種報價方式的主要內容是換算成小單位的價格，縮小計量單位：如將「噸」改為」公斤」，「公斤」改為「兩」；「年」改為「月」，「月」改為「日」；「日」改為「小時」，「小時」改為「秒」等。

由此可見，價格因素在推銷過程中的重要。雖說價格不是決定推銷的唯一因素，但推銷員若能確實掌握與顧客談價的技巧，也就能在推銷過程中盡量避免因價格問題產生的失誤，使得推銷業績再上一層樓。

暗示對比技巧

為了消除價格障礙，推銷員在與客戶的洽談過程中可以採用比較法，它往往能收到良好的效果。比較法通常是拿所推銷的商品與另一種商品相比，以說明價格的合理性。在運用這種方法時，如能找到一個很好的角度來引導客戶，效果會非常好。如果商品的價格與日常支付的費用進行比較。由於客戶往往不知道在一定時間內，日常費用加起來有多大，相比之下覺得開支有限，自然就容易購買商品了。

比如說購買大件物品時，客戶往往會嫌貴，以不划算為由拒絕購買，這通常是客戶固有的心理。對於這種客戶千萬不要說「價錢可以商量、可分期付款」之類的話，這是種很糟糕的回答方式，這無異於承認你推銷的商品定價確實過高。那要怎樣說才適當呢？

一套家庭組合的家具是3,000元，客戶嫌貴。一位推銷員曾向他的客戶這樣證明家具的價格：「您說的一點也不錯，3,000元的確不是個小數目。但朋友您有沒有想過，這東西不是一、兩天，一、兩年就能用壞的。一般情況下，它能用個十年八年不成問題，就假設它只能用五年吧，一年平均600元，每天平均不到1.5元。您抽菸吧，一包菸至少也要100塊錢，一天您總要抽一包吧，您看這還不到一包菸的價錢。這樣下來每天分攤的費用不能算貴吧。我想您賺的錢是綽綽有餘。」

在這段話中，這位推銷員承認了客戶的說詞，讓他心裡得到滿足。然後，又為他算了筆帳，不算不知道，一算就明白。原來3,000元整體看來是個大數目，但一化整為零，就不顯得多了。況且在跟每天抽菸所花的菸錢一比較，就更微不足道。於是客戶欣然掏出了錢包。

「三明治」還價技巧

「三明治」還價技巧是對價格前後加以修飾和保護，減緩價格對客戶的強烈刺激，像「三明治」一樣，將價格夾在中間，並塗了些「奶油」以達到潤滑目的。

如：「這是國家認證優良產品，售價900元整。」「這種方便食品，價格也方便，只賣50元，包你滿意？」這種三明治的還價技巧強調了產品的特點，使客戶在獲得價格資訊的同時，獲得如「國家認證」、「方便」等多種資訊，因此在客戶考慮價格問題時，自然會為這價格作出解釋，使他產生「值」這個價的感覺。

「三明治」報價方式所用的保護措施，可分為商品本身品質和顧客購買後的好處和利益。表現產品品質的有：正牌產品、金牌獎產品、優質、進口產品、暢銷產品及代表商品信譽的廠名、產地和產品本身的名稱內容等。如：「國家金牌獎產品，200 元整。」「消費者最喜愛產品，200 元整。」「本電扇榮獲國家金品獎，1,850 元。」

表現購買好處和利益的詞有：安全、舒適、方便、衛生、包送、包安裝等可以給消費者真正實惠的附加利益。如「大台北地區免運費送貨上門，免費安裝。2,000 元一臺，多划算！」「換季大降價，600 元一件，多買多賺，是您明智的選擇。」

在使用「三明治」講價技巧時，也要因人而異，學會尋求並揣摩顧客的需求，以達到最好的「打動」效果。

推銷員成功談判五絕招

推銷員在與客戶的談判過程中要善於觀察客戶的言行舉止，以在其中找到了解客戶內心行動的法寶。那麼，推銷員在談判時應掌握哪些絕招呢？

轉換環境說話絕招

在自己的地盤上，顧客或者大客戶多少有點「主人」架勢，說話做事帶有優勢和主動權，況且，是推銷員主動拜見，他們難免要擺出姿態，以顯示區域市場「老大」地位，所以，當推銷員和他們談判時，應做好心理準備，一是談判失敗，二是沒有主動權。

推銷員無法左右客戶的意見。針對此種情況，推銷員可以採取以下幾種措施：首先，把此次拜訪當成會見老朋友，別對成交抱太大希望，多交流感情、產品和市場，不談合約。其次，選擇人少、休閒的地方或所住的飯店房間，避免對方公司人多口雜，影響思路。第三，不妨多談經銷商和大客戶公司的情況，讓他們感覺你很挑剔，非常嚴格地甄選合作對象。最後，和他們談完後，適度流露想多待幾天，並想走訪市場的意向，讓經銷商和大客戶揣摩思量。

善用顧慮搶先法

任何客戶真正想合作前，都會挑剔廠家或品牌毛病，目的是爭取利益和策略，從成交角度分析，這是成交法中的暗示法，此時，推銷員千萬要記住：不要慌，無論對方說得多麼正確，都要沉住氣，推銷員可以順勢或借勢解決對方的挑剔，方法是：

- 用身體語言調整姿勢或表情，或者笑笑，表示胸有成竹。
- 先順勢承認對方的觀點，以示尊重和禮貌，但同時應說，我們公司已經考慮到此問題，正在解決或已經解決了。
- 如果業務員心中對對方提出的問題無法回答，應真誠記下並迅速反應給公司，期望得到迅速解決。
- 用顧慮搶先法，重點強調其他競爭產品沒有的優點，弱化產品缺點，並說明差異化優勢，以及此種差異化所能為對方帶來的效益和影響。

顯示專業而禮貌的銷售道德，和成熟的市場操作能力

客戶對自己品牌的了解必定沒有推銷員專業，雙方洽談時，推銷員一定要能解答任何問題，尤其是市場問題和行銷策略，更重要的是，對於合作後的市場操作，推銷員能迅速制定或提出一些行銷解決方案供對方參

考，這樣，客戶就不會患得患失，沒有市場操作層面上的顧慮，這時，客戶不信服都不行，自然成功的機率就相當大了。

多問不代表無知

對區域市場，客戶永遠比業務員熟悉，多問，顯得推銷員虛心學習，能從心理上給客戶好感，另外，多問，表示企業真心想開拓市場，推銷員是真心與他合作，對方肯定滔滔不絕地與推銷員探討市場，當對方在談時，推銷員一可發現市場機會，二來可以思考與對方的合作方式，並制定適合當地的行銷策略。

善用營銷工具

無論是第幾次拜訪客戶，推銷員都應備好所有行銷工具，包括合約，以隨時準備簽訂；洽談時，推銷員一定要能善用這些工具，比如，當經銷商提出的所有問題得到解答後，或者談話陷入沉默時，推銷員應該順勢拿出合約、計算機等工具，幫客戶計算優惠、制定市場分銷目標、測算網點數量，以及合作後經銷商最後能得到的實際利益，甚至直接詢問客戶：您看，我們是否就把合約簽了？

虛價反擊談判策略

在推銷談判的過程中，推銷員故意出虛價的目的在於消除競價，排除其他對手，使自己成為唯一的交易對象，可是一旦推銷方要賣給他時，他便開始削價了。

例如，湯姆想要以5,000美元的價格賣掉一艘遊艇。他在報上登了數條廣告，使得幾位有興趣的買主前來 ，其中有位出價4,800美元，並預付了 450 美元定金，湯姆也接受了。他不再考慮其他買家，只等對方開支票完成這樁交易。可是一直等了一週，不見任何動靜。買主終於來電，對方很遺憾地說明，由於合夥人不同意，實在無法完成交易。同時，他還提到他已調查並比較過一般的船價，這艘船的實際價值只有 4,500 美元，何況已使用得破舊不堪，買回去後還要再花一大筆修理費。

此時湯姆非常生氣，因為他已拒絕了其他買主，接著他會懷疑，也許市面上的價格不像這位顧客所說，同時他又不願一切從頭開始 —— 重新登廣告招攬顧客。接下來再和買主接洽以及應付那些瑣碎事務。結果最後一定會以少於 4,500 美元的價格成交。

由此可見，出虛價通常被認為是不道德的購買策略。那麼，如何防備對方施詐呢？

- 要求對方預付大額定金，以免其輕易反悔。
- 自己先提出截止日期，逾期不候。
- 對於條件過於優厚的交易，要保持懷疑態度。
- 在交易正式完成前，保留其他買主的名字和聯絡方式。

藉助上級的威望談判

對每個推銷員來說，越是有希望的客戶，就越希望能從頭到尾都由自己獨力完成推銷工作。這是人的自負心理，表示這件工作我自己就能獨力完成。這種自負的推銷心理當然很正常、很自然。然而如果過分自負，往往會心有餘而力不足，到口的肥肉也會被別人搶走，「連本帶利輸個精光」。

所以在你力不從心的情況下，就不要怕失面子，或怕有利益分配的問題而強撐著。既然你無能為力，就應尋求援助。

而這個援助最值得考慮的便是你的上司。因為他有責任幫助你，而他也有能力並應該樂意助你一臂之力。那麼，在什麼情況下需要藉助上級的威望呢？現列舉如下：

- **猶豫不決的顧客**：有些顧客在交談開始很爽快，可到需要簽約成交時，卻猶猶豫豫，總拿不定主意，不是沒錢，也不是沒購買決定權，更不是不想買，只是優柔寡斷，下不了決心。這時你就應該請出上級：「平時我們課長是不挨家拜訪的，但由於你是個辦事謹慎的人，恐怕你還有什麼不明白之處，所以我特地請他一道來，你有什麼問題可盡量提出來，有我們課長在，什麼問題都好解決。」其實顧客早就沒問題了。課長出馬，只不過是壯壯聲勢，促使顧客早下購買決心。
- **自認高人一等的顧客**：有些顧客自以為了不起，認為小小推銷員沒資格與自己談，非得讓上級親自應戰。雖然上級對情況的了解不如你那麼詳細，但這種自命不凡的人，說得不好聽，便是狗眼看人低，故意擺架子，這時把上級請來，或許可以壓壓他的氣焰。
- **囉嗦的顧客**：有些顧客總是問個沒完，要解釋好幾遍，問來問去又回到相同的問題上，囉嗦半天還說不清楚，於是便耽誤了簽約成交。對於這種婆婆媽媽、優柔寡斷的人，最好請來上級，你的誠意再加上上司的威望，會使他「早見天日」。

在推銷行業中，上級說來是管理推銷員的，其實也是為推銷員服務的，身為部下，如果善於利用上級的威望從而達到推銷目的，這也是成為優秀推銷員的一大手段。

盡量滿足客戶的興趣

服務是推銷的有力手段，沒有服務就不能做好推銷，進而贏得競爭。

德國賓士汽車公司十分注意產品的售前服務。他們常在工廠裡將未成形的汽車掛上一塊牌子，牌子上寫著顧客的姓名、車款型號、式樣和特殊要求等。凡是顧客對不同色彩、不同規格乃至在車裡安裝什麼樣的音響等千差萬別的要求，都給予一一滿足。由於該廠良好的售前服務，在能源危機出現，全球汽車市場競爭激烈時，儘管西德賓士汽車的價格比起日本車的價格高出一倍，但賓士車的推銷工作仍然進展順利。

美國著名的福特汽車公司，每年擁有250萬顧客，為了解他們的需求，公司會定期邀請一些顧客與產品設計人員和汽車推銷員討論產品及銷售服務等問題，並專門設計一種軟體數據系統，供各部門經理和雇員詳細了解掌握顧客的意見。一次有位顧客抱怨說，乘坐福特汽車時不願坐後座，因為後座空間太小，腿伸展不開，很不舒服。聽到這個意見後，公司立即將前座下半部做了調整改良，加寬前後座之間的距離。這一舉動贏得了顧客的普遍稱讚，使得福特汽車更加暢銷。

為顧客服務不僅要面帶微笑、熱情周到，更重要的是從市場調查、產品設計、廣告宣傳到刺激購買，每一環節都緊緊圍繞著顧客。

一位推銷員聽到一位背著大簸箕的老農和另一位乘客說：「我們鄉下的街上買不到大簸箕，這次來這裡探親，看到一個就買一個。」第二天這位推銷員就乘車趕到老農的家鄉，一次就推銷出1,000多個。還有一次，這位推銷員在旅館和旅客閒聊時得知冶金業需要大量木炭，他就順藤摸瓜，找到礦山機械廠、有色金屬材料廠等單位，銷售出積壓多年的木炭20噸。

推銷員的天職就是推銷商品，滿足顧客需要，你所銷售的商品若能符合客戶的興趣和嗜好，抓住這點訴求，一定能讓雙方都滿意。所以推銷員只擁有商品並了解推銷的基本常識還遠遠不夠，還要盡量滿足顧客的需要，將商品賣出去。

第九章
降龍之術，成功簽約總動員

推銷大師原一平認為，在與客戶簽約的那一剎那，都是人生中最美好的時刻。客戶在他的訂單上簽名蓋章後，推銷員所有的辛苦努力就有了令人欣慰的回報。你的專業得到了肯定，又成功賣出一樣好產品，因為你善於誘導別人的興致，爭取他的認同。除此之外，簽約成功後，你會得到部分佣金。那麼，要如何說服客戶與你簽約呢？在簽約時又該注意什麼呢？

圍魏救趙之術

圍魏救趙，是三十六計中相當精彩的一種智謀，它的精彩之處在於，以逆向思維的方式，以表面看來捨近求遠的方法，繞開問題的表象，從事物的根源去解決問題，從而取得一招致勝的神奇效果。

愛子之心，父母皆有，只要自己的寶貝能快樂幸福，玩得開心，也就是他們的幸福。假如你是推銷玩具之類的，有時你向他們的父母說明，倒不如打小孩的主意。這種圍魏救趙的方法非常明顯。用法得當，你根本無需花費過多時間，就能使他們毫不猶豫地和你成交。

例如，當你初次到一家有孩子的家庭推銷時，首先準備一些小朋友特別喜歡的小動物玩具：小狗、大熊貓、米老鼠之類的小玩具，只要他們喜歡就行。

例如，當你初次到一家有孩子的家庭去推銷時，首先準備一些小朋友們特別喜歡的小動物玩具：小狗、大熊貓、米老鼠之類的小玩具，只要他們喜歡就行。

第二天，就可以帶上你推銷的商品去拜訪。看到小朋友，不急不徐地談及你上次帶的動物小玩具，問：

「你喜歡不喜歡上次和你玩的小狗？」

「嗯，好喜歡，叔叔還有嗎？」

「有啊，你看這個玩具小狗多可愛，喜歡不喜歡？」

「嗯！」

「那叫你爸爸媽媽買給你呀，其他小孩都有啦！你爸爸買下這個，這就屬於你啦！」

這時，你再和客戶說：「我過幾天再來吧！」隨後立即離開現場，讓客戶家中的小孩子幫你「推銷」。

一般小孩不會考慮買或不買，他們只要看到自己喜愛的東西都想要，和他們的父母哭鬧糾纏，而身為父母的又不忍心看到自家的小孩那麼傷心，總會千方百計地滿足他們，安慰他們。

而推銷員呢，卻坐收漁翁之利，不用花氣力去和小孩的父母解釋說明。讓小孩去說服他們，自己坐在家中就可做成交易。

幾天之後，你再去那位客戶家，保證不用說多少話就能成交。

暗度陳倉之術

有時候一筆生意剛開始談，就因為其中一種商品的價格談不攏而卡住。

在建築工地，某建材廠推銷員與水電工程主管談一筆建材的生意。

「100×1,830 的水管 1 公尺 18 元，賣不賣？」主管咄咄逼人。

「您開玩笑吧，出廠價都不止 1 公尺 18 元，這麼便宜怎麼能賣呢？」

「那就是說 —— 不賣？」

「不是不賣，是不能賣，賣了要虧本的。」推銷員無可奈何地搖著頭說。

的確，100×1,830 的水管出廠價都是 1 公尺 19 元，加上送貨到工地的運費就花到 1 公尺 19.5 元的成本。

於是，由於買賣雙方的強硬，這筆生意泡湯了。

那麼，如果這位推銷員換種方式，會怎麼樣呢？

「行，1 公尺 18 元。」推銷員狠了狠心作出肯定答覆。

因為這位推銷員知道，建築工地購置建材總是需要二、三十種不同型號、數目較大的水管及配件。他在推銷 100×1,830 水管沒賺反而虧了，但他可以想盡辦法從其他型號的商品中利潤「補」回來，以保證從整筆生意得到利潤。比方說推銷員若虧了 1 元，那麼推銷 B 時可以將價格暗中提高 1 元或更多。於是生意就可以繼續談下去。

「什麼，100×90 的彎頭一個要 10 元，太貴了吧？」主管裝腔作勢地說。

「主管，市面上的行情都是一個 12 元，您放心，價錢上我能便宜的一定會便宜，就像 100×1,830 的水管一樣。1 公尺 18 元，全城都找不到這麼低的價格了。」

「好吧，10 元就 10 元吧」。

推銷員抓住主管因為圖 100×1,830 水管便宜而不願輕易放棄這筆生意的心理，在後來二十多樣商品的講價過程中，常以 100×1,830 的水管「能便宜的就會便宜」為擋箭牌，擋住了主管講價的氣勢，終於在後來的商品談價中取得理想價位，將生意反敗為勝。，

聰明的推銷員，在掌握這種「暗度陳倉」（暗度陳倉，指正面迷惑敵人，而從側翼進行突然襲擊）的成交方法後，也可以主動出擊，有時故意將客戶了解的第一個商品的價格開得低於成本價，以吸引客戶的注意，然後再於其他商品的價格上「暗度陳倉」。

當然這招只適用於客戶購買一系列商品時。但是萬一客戶只買你的那種低價產品，你就可以說：「先生，我很想滿足您的要求，但您知道，我這些商品是配套的，您買一種的話，其他配套產品就不好賣了。所以，您還是一起買下吧！」這樣說不僅是引導全面成交的努力，也是婉拒對單一商品的買賣，可令人進退自如、立於不敗之地。

步步緊逼之術

這種方法的技巧就是牢牢掌握客戶說過的話，以此來促使談判成功。比如有個客戶這麼說：「我希望有個風景優美的住處，有山有水。而這裡好像不具備這種條件。」

那麼，你可馬上接著他的話說：

「假如我推薦另外一處有山光水色的地方，並且提供相同的價格，您買不買？」

這是一種將計就計的方式，這種談話模式對推銷有很大幫助。就上面這段話，客戶是否真的想擁有一個山光水色的地方姑且不管。你抓住他所說的話大作文章，提供一個符合他條件的地方。這時，他事先說過的話就不好反悔了。這樣的情況在我們生活中也時常發生。

譬如我們去買衣服，走進一家服裝店裡，其實這時你還無心購買，只不過看看而已。這時店員就會上來對你說：

「您喜歡哪一件？」

「把那件拿給我看看。」

「這衣服不錯，挺合身的，穿上會顯得更瀟灑。」店員拿來衣服時會這樣說。

「不過，這衣服的條紋我不怎麼喜歡，我喜歡那種有暗紋的。」

「有啊，我們這裡款式多著呢！您看，這是從 X X 服裝公司進來的，價格也挺便宜，和剛才那件差不多，手工也不錯。怎麼樣？試一試吧！」

「嗯……啊，還不錯，大概要多少錢？」

「不貴。像這種物美價廉的還真不多。您到那邊看看，一件進口名牌襯衫就要 1,000 多塊。就連一條領帶也要 300 多。其實用起來也差不多。

這件才 450 元呢！」

「還是這麼貴啊！」

「再便宜的穿起來就沒這麼氣派了，現在稍微好一點的也就這個價格。」

「好吧，我買了。」

這個推銷員就運用了「緊逼式成交法」。

你說想要什麼款式的，他就為你提供你說的那種，讓你不得不買。

譬如一個推銷員推銷小轎車，碰到一位客戶，這麼對他說：

「這部車，顏色搭配不怎麼樣，我喜歡那種黃紅比例協調的。」

「我為您找一輛黃紅比例協調的，怎麼樣？」

「我的現金不夠，分期付款行嗎？」

「如果您同意我們的分期付款條件，這件事我來處理。」

「唉呀，價格是不是太貴啦，我付不起那麼多錢啊。」

「您別急，我可以找我老闆談談，看看最低要多少才行，我 —— 定會盡力幫您爭取。」

一環套一環，步步為營，牢牢掌握對方的話頭。運用這種戰術時，通常成功的希望也比較大。

請君入甕之術

對客戶做商品用途示範，效果會很好。親自示範新商品的用途，會讓客戶得到一種安穩的感覺。增強他們對商品的信任感。

舉個客戶買屋的案例，你可以先對他說：

「如果我找到一處像您想像的那種風景優美的地方，您要嗎？」

「只要價格合理，當然可以。」只要客戶這麼說，你就可以親自帶他去你找到的地方參觀，讓他看那裡的風景。當然，價格方面要合乎客戶的要求。這時，你就對他說：

「怎麼樣，成交了吧！」並立刻拿出合約。

或許客戶會阻止你和他辦手續，說出他還是不願買的種種合理情況，那麼你可以反問：

「您剛才不是說過，只要找到您滿意的地方並且價格合理，您就要買嗎？您該不會反悔了吧？」

在整個交談過程中，推銷員都要保持自信，相信客戶會買，不可灰心喪氣。利用這種推銷方式十分有效。我們再來看兩例。

例 1：買玩具

客戶去玩具店買玩具給小孩，店員首先對他說：

「幫您的孩子選玩具嗎？最近新上市的有 X X X，X X X，X X X ……這些玩具的設計非常奇妙，能給孩子帶來無窮的樂趣和豐富的想像力。對開發孩子的智力也大有幫助。」

「那『變幻圍棋塊』怎麼樣？」

「您可是慧眼識物。這是 M 公司最新研製的智力方塊，有多種功能。您看，使用一號功能，按 A 鍵，然後可進行手動操作，這是初級部分。達到一定程度後，可以玩二號、三號功能。圍棋能開闊練習者的視野，培養嚴謹的思考力、計算力和推理能力。購買這種玩具對您小孩的健康成長確實幫助很大。花幾百塊錢買下它比請家教便宜多了，您還可以親自輔導。」

一件買賣就這樣輕而易舉成交了！

例 2：買車

一位客戶想買車，推銷員對他說：

「這種型號的車，採用德國進口的引擎、高級避震器和合金材料，大部分零件也是德國總公司提供的。啟動快、耗油量少，最為得意之處就是開起來坐著特別舒服。」然後，你讓客戶坐進車內，讓他自己試駕，接著說：「價格很便宜。可以說在同類轎車中沒有這麼便宜的。怎麼樣？」

這時，客戶一方面早已被你說得心動，另一方面又親自體驗了這輛車的特點，也就不再猶豫地與你簽下訂單。

偷梁換柱之術

有種客戶考慮的問題太多，一直不能下定決心，總是以「還要多考慮」為由推託。如何使這類客戶脫離思維迷宮，沿著你的思路走下去呢，使用「偷梁換柱之術」不失為一個好方法。

當客戶舉棋不定之時，你可以用一種讓他們感興趣的話題刺激他們的另一根神經。

客戶：「我還是不能下定決心。」

你可以接著說：「是啊，這是人之常情，對於這樣一件大事，誰都要仔細考慮，誰都不願隨便下決定，買下自己不喜歡的房子。不過，我們公司也考慮到這點，推出一項特殊方案，以解決你們的後顧之憂。

「我們公司幾年前做出一項決定：凡是客戶購買本公司的房地產，繳納了頭期款後，可以試住一段時間，如果對所住的房子滿意，那就可用分期付款，如果對房子不滿意，公司就幫您將房子出售。

「照此方案，您可以在 3 個月內作出決定，您覺得這種方式如何？」

如果客戶仍不能決定，你就再等一會，注意提醒他去想你們公司特殊方案的好處，而不是讓他再度回到自己的思維窠臼之中。

孤獨求敗之術

「孤獨求敗之術」是一種「敗中求勝」的戰術，首先要把自己當做失敗者，從中掌握客戶不願購買的原因，最後才能從他們口中套出如何才能成交。

人的本能就是如此，當你被別人擊敗，你會十分惱怒。例如在一次辯論中，你會使出渾身解數說服對方，讓對方聽從你的觀點。如果你被別人攻擊得無話可說，便會無比懊惱，強烈感受到渾身不舒服。但是，如果你獲勝了，看到別人悲傷的表情，你定會走上前去安慰。同樣地，如果你在推銷過程中與客戶交談，裝出一副沒有理由說服客戶的悲傷的樣子，客戶往往會認為自己的道理是對的，已經說服了你，因而內心洋洋得意。

在它們沒有防備的情況下，你可以快速地向他們「請教」。一般來說，他們都會告訴你應該怎樣才行。譬如你可能這樣問：「那您認為要如何才會購買呢？」

巧用「習慣」之術

在推銷中，巧用「習慣」的方法分為兩種形式：第一種是簽字習慣成交，也就是以書面簽訂單的方式來成交。第二種是口頭約定，並以握手來表示成交。

「習慣」簽字成交法

與客戶洽談時，當客戶的購買意願已達到一定程度，你就可以開始準備訂單，並可以對準客戶說：「我們開始討論訂購事宜吧。」在說話的同時拿出訂單，繼續說：「請把您的姓名告訴我好嗎？」

在這樣的情況下會出現兩種現象，一是答應；二是拒絕。對於第一種情況不用多做說明，生意顯然成交。而出現第二種現象，則表示客戶還存在一定的原因不能下決定。這時，你最好順著他，等到他心中的顧慮解決後，你再表現出你倆已經達成協議的神態，胸有成竹地對他說：「我已經在上面簽字了，麻煩您也在上面簽個名吧。」

推銷員的精神對客戶有很大的影響，你越是表現出高度自信，他們越會對你產生信任感。當他們看到你充滿自信的態度時，也就不會感到什麼不安而果斷地簽名。

運用這種推銷法應注意的一點是，當你們對商品進行交易談判時，推銷員應事先讓客戶熟悉訂單。這樣，在簽字時他們就不會對訂單感到陌生，內心也就不會對此感到不安，因而不會有壓迫感。

握手成交法

握手成交俗稱口頭成交。這種方法要求推銷員可以充分理解客戶的意願。對客戶所講的話要仔細研究並加以判斷，發掘他話語中的購買意願。當你初步了解他的購買意圖後，就可以充滿自信地說：「您要不要買些試試呢？」

同時為了表示對他購買這商品的感謝，你伸手做出與他握手的樣子。而客戶通常不會考慮握手的後果，對於這種平常表示友善的方式會反射式地伸手和你握手。這是人的條件反射，通常在沒有準備的情況下會機械地進行。

握手意味著默認購買商品，這是一般人的普遍認知。客戶會因突然發生的事感到驚慌而失去主見，只覺得受到推銷員的控制。在這種情況下，推銷員根本不必多說什麼，只要拿出訂單就會成功。

理論說明之術

瘋狂推銷大師原一平曾說過「只要你說的話對別人有益，你到哪裡都會受歡迎」。而成功學家卡內基一生致力於成人教育，也曾用理論之法說服他人。

有段時間，卡內基在紐約某家飯店租了一個舞廳來進行一系列課程，每一季大概會用到 20 幾個晚上。

有一次，他突然接到飯店經理的通知單，告訴他必須付出是幾乎原來 3 倍的租金，否則就要收回他的使用權。卡內基接到這個通知時，入場券都已經印好並分發出去，而且所有通告都已經對外公布了。

當然，誰都不願多付租金，就算你再有錢，也會對這種無理的漲租行為而憤怒，卡內基同樣如此。可是憤怒又有什麼用呢？飯店關心的是金錢，對卡內基的憤怒並不感興趣。

幾天後，卡內基直接去見了飯店經理。以下就是卡內基怎樣處理這件事的過程：

他說：「收到您的來信，我非常驚訝。但我很能理解您的做法，如果換成是我也會寄出同樣的這封信。每個人都希望增加收入，您身為經理，有責任盡可能增加飯店的收入。現在，我們能否來做這樣一件事：如果您堅持要漲租金，請您允許我在一張紙上列出您可能得到的利與弊。」

卡內基拿出一張白紙，在中間畫上一條橫線，一邊寫著利，一邊寫著弊。他在利的這邊寫著：「將舞廳租給別人開舞會或公司會議大有好處，因為這類活動比租給別人當課堂收入會更多。如果將我占用 20 幾個晚上的時間租給別人開舞會，當然比我付給您的租金多。租給我對您來說是個不小的損失」。

在弊的一端他寫了兩點。「其一，您非但不能從我這增加收入，反而會使您的收入大大減少。事實上，您將一點收入也沒有，因為我無法支付您要的租金，而被迫到別的地方開課。當然這個壞處，您可以租給別人來彌補，從而變成你的好處。其二，這些課程吸引了不少受過教育且水準頗高的白領來您的飯店，這對您來說是個很好的宣傳，您不這麼認為嗎？事實上，即使您花幾千美元在報上登廣告，也無法像我的這些課程能吸引這麼多高階白領來光顧您的飯店。這對一家飯店來說不是很有意義的事嗎？您不讓我在這裡上課，就使您的飯店失去了那麼多潛在客戶。身為經理，應該要將眼光放遠來看待問題，而不應只顧眼前。」

寫完後，他將紙遞給經理說：「我希望您能好好考慮其中的利與弊，然後再將您的最後決定告訴我。」

第二天，卡內基收到一封信，告訴他租金只漲 50%，而不是原來的 300%。兩者相距何等之大。

美國名人亨利·福特（Henry Ford）說過一句話：「如果成功有任何祕訣的話，那就是了解對方的觀點，並從他的角度來看待事情。」

以上的事例對推銷員來說，應該作為成功範例。因為有太多推銷員不懂其中的道理並失敗而歸。

卡內基運用理論說理的方法使飯店經理減少了大筆租金，而對推銷員來說，運用同樣的方法，會使你的推銷大獲成功。

有許多客戶在購買商品時太過小心，對於這類客戶，運用理論說理法最有效。其實這種方式是推銷大師原一平在日常的推銷工作中摸索出來的。而優秀的推銷員只不過是運用了這種方法就能成功。原一平的理論說理推銷法如下：每當他決定做一件事之前，總是做出雙向分析。一個是好的方面，一個是壞的方面。

推銷員用此種方法進行推銷時，也可用暗示法。比如在推銷好的一面時，可多建議一些有利因素。在壞的方面，千萬不可多做宣傳，最好是閉口不言。

成交的目的與時機

推銷人員使出所有努力，開始進入成交階段。成功的推銷員都遵循一定的成功方法和步驟，搶在其他競爭對手之前與顧客成交。要與顧客成交，推銷人員要明確知道成交的目的，並掌握成交的時機。

成交的目的

成交的目的就是贏得顧客的認同，願意買下產品，並許下承諾，付出定金，推銷員繼續雙方的交易行為，即請顧客在訂單上簽字實現購買行為。

只簽字並不代表成交，最後的成交包括收到顧客交來的貨款。從開始打電話找顧客，與顧客建立關係，一直到最後成交，推銷員最終的目的就是成交。取得訂單對銷售員有兩層含義：培養自信和提高生活品質。

成交的目的對推銷員個人而言，在物質和精神兩方面都會有很大收穫。對銷售員工作的公司而言，則意味著營業收入，顧客則買到最好的產品。所以，成交的結果是顧客、公司、銷售員的三贏。

成交的時機

何時向顧客提出成交，首先要找出最佳的成交時機，而找出最佳成交時機就要靠銷售員敏銳的洞察力。在銷售的過程中，銷售員自始至終都要非常專注，了解顧客的一舉一動，尤其是其表現出的肢體語言。

- **顧客心情非常快樂時：**當顧客心情非常快樂、輕鬆時，推銷員適時提出成交要求，成交的機率會很高。例如顧客開始請銷售員喝咖啡或吃甜點時，銷售員要抓住這樣的請求時機。此時，顧客的心情非常輕鬆，會願意購買。
- **做完商品說明後：**當推銷人員做完商品說明和介紹後，就抓住時機，詢問顧客需要的產品型號、數量或顏色等，這時提出請求也是成交的最好時機之一。
- **解釋完反對意見後：**顧客有反對意見很正常，當顧客提出反對意見時，銷售員就要向顧客解釋，解釋完後，徵求顧客的意見，詢問顧客是否完全了解產品說明，是否需要補充，當顧客認同銷售員的說明時，銷售員就要抓住這個有利時機，詢問顧客要選擇何種產品。當銷售員對顧客的反對意見做完解釋後，就可直接成交。

簽約時的注意事項

在短暫的簽約過程中，隨時都會出現一些外在或內在因素阻礙合約的簽約。以下是精選的幾個典型，希望能引起推銷員的注意。

沉默的力量

如果在你要求成交後出現一段短暫的沉默，你不要以為有必要說點什麼。相反地，你要給客戶足夠時間去思考和決定，絕不要貿然打斷他們的思路。有些推銷員有種錯誤的想法，他們認為客戶的沉默表示產品有缺陷。推銷大師原一平認為：「適度的沉默不僅可以，而且也受客戶歡迎，因為能讓他們放鬆，而不至因有人催促而做出草率的決定。」

推銷過程中的沉默使人們想起打電話時被告知「請稍候」時的感覺，時間彷彿已經停滯，度日如年。在面對面的推銷中，沉默通常會令人覺得壓抑，自然會產生打破沉默的念頭。雖然那種「誰先開口誰就輸」的說法暗示著如果客戶先開口，那他就輸了。但原一平則認為那些做出正確購買決定的人都是贏家。但如果是推銷員先開口，那你就有失去交易的風險。所以，在客戶開口前一定要保持沉默。沉默有時雖會讓人幾近瘋狂，但無論如何，必須嚴格約束自己，保持沉默。

許多推銷員都受不了沉默的壓力，把短短的十幾秒鐘視為無限長久。他們因為無法等待而犯下愚蠢的錯誤，導致可能成交的生意泡湯。

不能說的實話

如果你是個服裝推銷員，有位客戶走進你的店門，你發現他穿著一身很舊的外套，會心想「這人怎麼還穿這種破衣服？這不是好幾年前的款式嗎？」心理這樣想，但嘴上不能說。如果實話實說，那你離「專業推銷員」的稱號就越來越遠了。

如果你是汽車銷售員，當客戶問你那輛舊車可以折多少錢時，你心裡或許想：「這種破車還能值幾個錢？」這可能是實話，那輛車也許確實就是輛不值錢的破車，它的輪胎也許已經磨損得不成樣子，總而言之，它是輛破舊不堪的車，但這種實話不能說。因為這是客戶的車，他可能很愛這輛車，即使他不喜歡，也只有他有資格批評這輛車。如果你先開口說這是輛破車，無疑就是侮辱車主，在不知不覺中傷了他的自尊心。打狗都要看主人，想想這些，你還敢批評客戶用過的東西嗎？

張先生的車已經用了 7 年，最近有不少推銷員向他推銷各式車輛，他們總是說：「您的車太舊了，開這種舊車很容易出車禍。」或者說：「您這舊車三天兩頭就得進廠修理，維修費太高了」。張先生聽到這種話一定不會買。

有天，一位中年推銷員向張先生推銷，他說：「您的車還可以再用幾年，這時換車太可惜了。不過，這輛車能開 3 萬公里，您的駕駛技術確實高人一等。」這句話使張先生很開心，他立刻買下一輛新車。

有時，客戶會說自己的東西不好。比如說：「我這輛車太破，想買輛新車。」這時你不能跟著附和：「這輛車確實太破舊，早該換輛新車。」特別是在談到孩子時，當客戶說他的孩子太調皮，你要是順著他的話說：「是挺皮的。」那你就別想他們會買你的商品，你可以說：「聰明的孩子都很皮。」

實話不實說並不是虛偽。說是說給他人聽的，你的話可以讓別人舒服，也可以讓他情緒一落千丈。讓人心情舒服對己對人都有好處，何樂而不為呢？

不過，實話不實說並不是要你不講實話，並不是要你欺騙客戶，它只能用於推銷商品以外的東西，對你的商品必須實話實說。

如何面對競爭對手

在推銷商品時完全沒有競爭對手的情況很少見。你必須做好準備對付競爭對手，假如沒有這種心理準備，客戶便會以為你敵不過競爭對手。

(1) 貶低毀謗競爭對手的商品是不明智的

毀謗對方會適得其反，有些推銷員會當著客戶的面公開誹謗貶低競爭對手的商品，企圖以此推銷公司的產品，其心情和動機不難理解。其實客戶聽到貶低競爭對手的話時雖不會當場反駁，嘴裡也會「嗯、嗯、嗯」地隨聲附加，但心裡卻很反感，覺得你這個人不誠實，自然就不想與你打交道。

和客戶打交道經常會遇到對方有意無意貶低本公司產品而讚揚競爭對手產品的情況。在這種情況下，有的推銷員就不提競爭對手的產品，只拚命為自家產品辯護。當客戶不「買帳」時，則惱怒地大肆毀謗競爭對手的產品。這樣一來不但傷了對方的感情，最後雙方還會大吵一架。請問，到了這地步，客戶還會買你的產品嗎？

當自家產品被貶低時當然要辯解，但辯解的方法很重要，因為對方一定會認為他的褒貶是正確的，所以你不要硬生生地反駁對方。首先應該肯定他的意見，說聲：「是啊」，這樣對方心裡也會同樣舒服，有了「共同語言」後，你說的話他就聽得進去了，於是便可因勢利導趁機「反撲」直到反敗為勝。

(2) 不要進行人身攻擊

為了爭取客戶，對同行採取人身攻擊的推銷員大有人在。同行之間雖各事其主，但總有一定的交集，免不了要打交道，何必在客戶面前大肆對對方做人身攻擊呢？

為了排擠對方，有些人雖不擇手段地對對方做人身攻擊，卻又會故意裝出同情對方的樣子來迷惑客戶，這是一些推銷員的慣用伎倆。

有些好奇心強的客戶對此會聽得津津有味，並不斷點頭，於是改變了對他的看法。的確這樣一來被中傷的人會信譽掃地，那麼中傷別人的人又怎麼樣呢？當然有的可如願以償地將競爭者手中的市場占比給奪過來。但競爭對手也絕不會因此罷休，勢必針鋒相對，並回頭惡言中傷你。這樣一來便發展成相互揭短，雙方也都變得「臭不可聞」了。

社會上有人把善於耍弄陰謀的人說成是有才能，但不要盲目效仿，也就是不要走旁門左道，不要做見不得人的事，要做個堂堂正正、德才兼備的推銷員。

在 1/3 處成交

在資訊日益發達的今天，社會上卻出現眾多「剩男、剩女」。存在這種現象的原因很多，很重要的一方面是心理原因。人在擇偶時，總認為以後還會有更好的而挑三揀四。殊不知自己的年齡越來越大，選擇的機會也越來越少，這時才發現錯過許多美好時光。此時，年華老去，選擇所剩無幾，對於之後是否還有更好的對象產生了懷疑。這時，如果出現一個條件過得去的，那麼許多人就會妥協，儘管對方不是所有選擇中條件最好的。

這是一般人的一種普遍心理現象，心理學家稱之為「1/3 效應」，它是人類在決策過程中產生的一種心理偏差。生活中，每個人都經常面臨各式各樣的選擇，選擇的對象越多，就越難選擇。「1/3 效應」就是在這種條件下產生的。

在日常生活中，「1/3 效應」最典型的表現就是顧客購物時對於店家的選擇。當顧客走進一條商業街時，通常不可能在第一家店成交，他總認為前方還有更合適的。通常也不會是最後一家，因為一旦前方沒有可選擇的店家，顧客就會產生後悔心理，覺得前面看過的似乎更好。如果這條街能一眼看到底，通常位於街道頭尾 1/3 處的店鋪最好。

成功的推銷員總是善於引導客戶在眾多選擇中選出自己的商品。因此，你盡可利用這種人類普遍存在的心理偏差，將你的產品放在合適的地方，在合適的時間出現。

常用十大推銷成交技巧

推銷員在推銷商品時，到了成交階段時，優秀的推銷員最常採用的五種技巧是：假設成交法、細節確認法、未來事件法、第三人推薦法和直接成交法。

假設成交法

假設成交法是指推銷員先假設顧客一定會購買的成交法。有了顧客一定會購買的信念後，推銷員向顧客解說商品時，就會假設顧客買到產品後會得到怎樣的價值，例如問道「假如您購買該產品，請問您會放在何處，假如您要購買該產品，使用者是誰」。運用假設成交，讓顧客進入一種情境，從而強化顧客購買的慾望。

在運用假設成交法時，推銷員要注意不要硬逼顧客購買，否則會惹怒顧客，反而使成交更快失敗。該法通常不會讓顧客覺得有壓力。

細節確認法

細節有重點和次要等細節之分，在整個推銷過程中，顧客最關心的重點是價格，而比較不在意其它細節。所謂細節確認法，是指推銷員多與顧客談論次要細節問題。

推銷員可以多與顧客談細節，例如交貨時間、交貨地點、付款方式、產品的款式、種類、數量等。優秀的推銷員會運用假設成交法，引導顧客進入情境中，如果顧客對推銷員提出的細節都一一確認，顧客的購買慾就會變得非常強烈。

未來事件法

讓顧客經常購買產品是推銷員的目標，未來事件法則能幫助推銷員達到這個目的。未來事件法的含義是，推銷員向顧客提出產品的優惠時間，從側面向顧客施加購買壓力。一般人都害怕失去機會，未來事件法就是利用這種心理來促使顧客有緊張感、壓迫感，從而盡快下決心購買。未來事件法又稱最後機會法，即讓顧客感覺是最後機會的意思。例如百貨公司特價活動或限定優惠時段中、顧客購買的數量最大，這就是典型的未來事件法的應用。

第三人推薦法

優秀的推銷員最喜歡用的方法是借力使力，利用第三人推薦讓顧客購買。推銷員會提到與自己和顧客都有關係的人，來拉近與顧客的距離。尤其當第三者是顧客熟悉並信賴的人，或者第三者是專業權威時，顧客會很容易被推銷員說服。第三人推薦法是指推銷員利用別人的推薦抬高自己的身價和地位，將產品很快賣出去。

直接成交法

直接成交法又叫開門見山法，是指推銷員直接向顧客詢問是否購買。直接成交法往往需要推銷員的勇氣和信心。只有充分相信顧客會購買，推銷人員才會明智而勇敢地提出成交的要求。實際上，優秀的推銷員最講究直接成交法，一經克服任何反對意見後水到渠成，就直接向顧客請求決定產品的購買數量和類型。

試用成交法

當顧客手頭緊，買不起想買的產品，但又顧及面子不願承認時，這種方法最重要。這樣的顧客，一旦提出讓顧客購買的請求時，應該同時提出建議，並用成交問題將其鎖定。如：「我認為現在還是先買這種型號，試用 7 天後如果感覺不夠好，再來換那臺高價的，你說呢？」實際上，顧客來重新換購的可能性非常小。

恐懼成交法

這是一種用來創造緊迫感的壓力成交法。這種方法對那些已對產品動心但又猶豫不決的顧客最靈光。如：「天哪，你是說今天就買？今天就買？那我得先和我們的庫存經理聯絡，看還有貨沒貨。」

可靠成交法

本方法專用於那些膽小、沒主見、小心翼翼甚至抱懷疑態度的顧客，如：「告訴我，你是住 XXX 社區的吧，你們社區有個顧客 3 個月前買了我們一項產品，非常滿意。前天他又向我們再買一次準備送女兒作嫁妝。」

回敬成交法

回敬法可用來探明顧客的想法和感覺，它是用問題來回答問題。例如：

顧客：太貴了。（異議）

推銷員：太貴了？（回敬）

顧客：這已超出我的預算，我買不起。（解釋）

推銷員：如果我找值班經理，請他給你 9 折優惠，你願意考慮嗎？

銳角成交法

與回敬成交法的道理一樣，也是將顧客的正面陳述或問題還給顧客，但要用更尖銳的成交口吻來說，例如：

顧客：這個顏色真好，我喜歡。

普通推銷員：是的，這個顏色不錯。（什麼也沒得到）

金牌推銷員：你想買的是這個顏色的嗎？（直截了當）

成交關頭多留意

推銷員在商談交易時，先要充分、敏銳地掌握顧客情緒的動態、時機，並一氣呵成地力促顧客盡快作出購買決定，若要避免失去最佳時機，推銷員必須切記以下交易戒律，萬不可擅自觸犯。

絕不張惶失措

這種情況最易發生在交易成功的前一刻。若一下表現出張惶失措的樣子，就會使顧客心中生疑，從而失去顧客對你的信賴，也就隨之失去了顧客。

如果處於交易即將談成的關鍵時刻，言語就應謹慎，絕不要任意開口，而要將精神集中，以免言多有失，造成節外生枝。所以切記：多言無益。

眼看大功告成，自己的一番努力即將有了結果，誰都會因此興奮不已，此乃人之常情，不可避免。但推銷員卻不能隨心所欲，在交易即將成功時，要善於隱藏內心的喜悅，要能自制，想些辦法來掩飾自己由於興奮而顯得緊張的表情和動作。

有許多從事推銷工作的新手，偶爾會抑制不住心情，將喜悅或因興奮而產生的緊張溢於言表，如果不幸被顧客感覺，就會使他對已決定的交易產生新的疑慮，重新開始猶豫甚至反悔，這豈不是「自找苦吃」。

不妄加議論

當你的推銷完全進入交易的商談階段後，顧客可能會接連發表意見。其中有些顧客的言辭有可能會冒犯你，但不管怎樣，絕不要輕易表態，妄加議論。

因為，無論推銷員的理由如何充足，在這時發表意見都不會有任何益處，否則冒然對答，唯一的可能就是毀掉將要成功的交易。

當然，要讓顧客忘掉你是推銷員只是「痴心妄想」，這裡是指顧客的一種短暫心理。在交易過程中，你應透過認真傾聽顧客的談話，在言語中動之以情，處處注意顯示你對他的誠意與好感。比如，要讓顧客覺得你把最詳細的商品情報告訴渝他，再加上你誠懇而推心置腹的話語，使顧客感覺你是從未遇到的「好人」。這樣便可使交易在良好的氣氛中順利達成。

談論交易條件時無需怯懦

既然已到了達成交易的最後階段，這時已不再是對價錢是否打折而反覆交涉的時候。縱使顧客有此要求也無需理會。因為到了這時，顧客心裡的打算是能賺一分就賺一分，不能便宜也無所謂。談判交易條件時，只有採取毅然決然的態度，才能既維護自身利益，又能維持顧客對你的信任。相反地，輕易讓利則會使顧客產生疑問或動搖對你原先的信任，這樣對交易就極為不利了。

不可久坐

即使最後合約簽妥，能安心地與顧客交談，也要切記不能久坐。因為在顧客心中多少存有一些買了東西後的疑慮，也就是人們花完一筆錢後多少都會有的「心痛」。若你仍與顧客久坐，好像交易還未完全結束的樣子，這樣，顧客就會在心裡總盤算這筆買賣是否合適，於是還想與你「探討」，發展下去結果就不可預料。所以，應盡快告辭，以免再創造動搖顧客購買決心的機會。不管是失敗還是成功，都是「三十六計走為上策」，越早走早好。

不作否定性的發言

在這個階段，推銷員應盡力避免打斷顧客發言，即使是需要否定之事，也需用避免刺激顧客感情的說法。

總之，越是在緊要關頭，越是要謹慎從事。千萬不要以為大功告成而掉以輕心，造成顧客後悔，使你中了顧客的「回馬槍」而前功盡棄，這豈不虧大乎！但是，如果你在成交關頭牢記此條妙計，並善加使用，定能大獲全勝。

第十章
服務再服務，給成功加點料

原一平曾說：「一位成功的推銷員要能保持住自己的客戶，要時時刻刻記住，保住一個老客戶勝過物色兩個新客戶。」推銷是種服務，優質服務就是良好的銷售。只要推銷員樂於幫助顧客，就會和顧客和睦相處；為顧客做些有益的事，就會造成良好的氛圍，而這種氛圍是任何推銷工作都必須要有的。身為推銷員，要有專業的服務品質，就必須真心誠意將客戶當成您一生的朋友來看待。

口碑推銷，讓你的產品靚起來

俗話說「金杯，銀杯，比不上人們的口碑」。在推銷領域，口碑被稱為永不會退出舞台、永不被認為落後的推銷手段。這是一種不需要高成本投入而又富有成效的一種方法。

口碑是人類最原始的推銷廣告。在廣告媒體未出現前，它就已行之久遠。但現今的企業在進行鋪天蓋地的廣告宣傳，以及商業資訊密集轟炸時。口碑推銷似乎已被眾多的推銷菁英遺忘和拋棄了。

口碑推銷的成本是最低的，可稱得上是「零號媒介」。而巨大的廣告投入，用廣告人自己的話說，最成功的廣告也有 50% 被浪費掉。越來越激烈的市場競爭氛圍造就了當代理性的消費者。人們已不再盲目迷信廣告的甜言蜜語，而是理性對待市場消費。

在 21 世紀這個競爭全球化、經濟一體化的知識經濟時代，人際關係傳播作為人類的「零號媒介」，依然顯示出它神奇的行銷力量。也正是人類傳播資訊的天性，以及人們對口碑的高度信賴，更需要眾多的推銷員注重服務的魅力。

那麼，口碑推銷有哪些神奇的功效呢？

- **發掘潛在顧客**：推銷大師原一平總結發現，出於各種原因，人們總是熱衷於把自己的經歷或體驗轉告其他人。比如：這款手機的性能如何；新買電視機的清晰度；這家餐館的飯菜怎樣。如果經歷或體驗是積極的、正面的，他們就會熱情主動地向別人推薦，幫助企業發掘潛在顧客。調查顯示：一個滿意的顧客會引發 8 筆潛在的交易，其中至少有一筆可以成交；一個不滿意的顧客足以影響 25 人的購買意願。由此可見，「客戶傳遞給客戶」的影響力非同一般。

- **打造品牌的忠誠度**：良好的口碑能贏得回頭客。老顧客不僅是回頭客，而且是企業的活動廣告。據不完全統計，一般的公司每年至少要流失 20% 的顧客，而爭取一位新顧客所花的成本是留住一位老顧客的 6 倍，流失一位老顧客的損失，要爭取 10 位新顧客才能彌補。推銷大師原一平也曾說：「一位成功的推銷員要能保住自己的客戶，要時時刻刻記住，保住一個老客戶勝過物色兩個新客戶」
- **巧妙避開對手的競爭**：隨著市場競爭的加劇，競爭者之間往往會形成正面衝突。口碑行銷卻可有效避開這些面對面的較量。

從老客戶那裡挖掘金子

一名推銷員要做到專業的服務品質，就必須真心誠意地將客戶當成一生的朋友來看待，噓寒問暖，關懷倍至。讓客戶感受無微不至的關心，他才能真正拿您當朋友看待，真正體會到他對你的信賴是對的，並真正放心地將你當成一生的顧問，願意介紹自己的親朋好友給你。 所以，平時一點小小的問候，不定時的關懷，將會在客戶心中留下不可磨滅的印象，專業的服務就從這裡開始。

原一平曾說過：「一位成功的推銷員要能保住自己的客戶，要時時刻刻記住，保住一個老客戶勝過物色兩個新客戶。」

也許你已經完成了整個推銷程序，客戶也已簽了訂單。這時候，這個客戶可以說已被你說服了。但是，在此仍要提醒你的是，一次真正的銷售是永遠不會真正結束的。

當你獲得一張簽了字的訂單，這不過表示你完成了推銷的初步工作。從此以後，你公司中處理這筆交易的人員，不論是你自己，還是助理推銷員，或是機械工程師，還要展開一場冗長的連續性推銷，他們需要的時間不會比你和這一客戶談生意所需的時間少。只要你的產品品質稍微差一點，或者當時服務稍不周到，客戶就可能中止與你的交易。換句話說，推銷不只是收到訂單就算了事，就可以不管客戶與產品日後的情況。要記住，在推銷完畢後，你所需要發揮的工作精神，將比推銷完畢之前更多。那麼如何才能在老客戶那裡挖出金子，讓自己的事業更上一層樓呢？

與顧客保持聯絡

推銷員必須定期拜訪顧客，並清楚地體認到：得到顧客重複購買的最好辦法是與顧客保持接觸。

有位優秀推銷員堅持與顧客保持有計畫的聯絡。他把每個客戶訂購的商品名稱、交貨日期，以及何時會缺貨等項目都作了詳細紀錄。然後據此紀錄去追查訂貨的結果。例如，是否在約定期限前將貨物交給顧客；顧客對產品的意見如何？顧客使用產品後是否滿意？有何需要調整之處？顧客對你的服務是否滿意等。他應該有種自動稽查的辦法，可以讓自己知道最近 60 天內尚沒有前往拜訪某客戶。規定時間，制定表格，然後按時前往拜訪，這是推銷成功的階梯上重要的另一段。

正確處理顧客抱怨

抱怨是每個推銷員都會遇到的事，即使你的產品再好，也會受到愛挑剔的顧客抱怨。不要粗魯地對待顧客的抱怨，其實這種人正是你永久的買家。為此，要感謝顧客的抱怨，使你有機會知道他的不滿並設法解決。這樣不僅可以贏得一個顧客，而且可以避免他向親友傾訴，造成更大的傷害。

面對客戶的抱怨時，推銷員要認真傾聽，要盡量讓顧客暢所欲言，把所有怨憤發洩出來。這樣，既可讓顧客心理平衡，又可知道問題所在。推銷員如果急忙打斷顧客的話為自己辯解，無疑是火上澆油。要在聽完顧客的抱怨後蒐集資料，找出事實，公平處理。

很多推銷員都認為成交是推銷的終點，以為成交了就等於劃上圓滿的句號，就此萬事大吉。其實不然。世界級的知名推銷員都不把成交看作推銷的終點，原一平有句名言：「成交後才是推銷的開始。」 舉個例子看看汽車推銷大王吉拉德（Joe Girard）是怎麼做的呢？

推銷成功後，吉拉德需要做的事情就是，將那客戶及其與買車相關的一切情報，全都記在卡片上；同時，他對買過車的人寄出一張感謝卡。他認為這是理所當然的事，但很多推銷員並沒有這麼做。所以，吉拉德特別對買主寄出感謝卡，而買主對感謝卡感到十分新奇，以致於印象特別深刻。

有些推銷員雖然也努力服務，但嘴上喜歡嘮叨，而把服務的苦勞都抵消了，得不償失。

原一平說：「銷售前的奉承，不如銷售後的周到服務，這是製造永久客戶的不二法門。」

無論多好的商品，如果服務不完善，客人便無法得到真正的滿足，甚至在服務有缺陷時，還會引起客戶的不滿，而至失去商品自身的信譽。

情感推銷，成功的策略

當許多人問推銷大師原一平如何達到今天的成就，他總是笑笑說：「一名優秀的推銷員要付出比常人多幾倍的汗水，但只憑跑跑腿是不可能成功的，這需要流露真實的情感與每一位客戶交談。想要做到與客戶產生『感情』需要一定的技巧。」

制定客戶服務表

將客戶服務政策以書面形式公布出來。「客人永遠是對的」應成為制定所有客戶服務政策的基礎。確保自己對客戶服務保持高昂的熱情。推銷員必須明白，服務品質的好壞與公司的利潤、自己的前途密切相關。切記，客戶最重視的是他們是否受到關注。客戶希望推銷員記住他們的名字，喜歡一對一、因人而異的個性化服務。

使用讓客戶高興的語言

「您需要我幫您做什麼嗎？」 客戶都希望有機會詳細描述他們對你的產品的希望和需求。推銷員要以積極的語調開始交談。使用這種開放式提問，可以引起客戶談話的興趣。

「我們將為您提供完整的服務。」 要保證向客戶提供完整的服務，不要遺漏任何一項工作或文件，永遠不要對客戶說：「所有工作都完成了，除了……之外」之類的話。

「很感謝您與我們有業務往來。」說這句話的效果比簡單地說句「謝謝你的訂貨。」 的效果要好得多。你還可以透過交易完成後的電話聯絡，熱情地回答客戶的問題，來表明你對客戶的謝意。

對上述服務步驟和語句的忽略都會給客戶留下「除非生意談成，否則我不會對你感興趣」的印象，這會使你的客戶感覺受欺騙、被利用或產生其它惡意，從而對你的公司造成負面廣告效應。真正地關心客戶，以此表示你對他們的誠意，會使客戶再次購買你的商品或服務，除此之外，客戶還會把你和你的公司熱心地推薦給其他人。

開展客戶追蹤服務

讓客戶願意多次購買你的產品的辦法之一是提供追蹤服務。銷售完成後，你就應及時打電話給你的客戶，向他（她）致謝，同時詢問對方對你的產品或服務是否滿意，這樣的電話諮詢是有效追蹤服務的開始。另外還有幾種追蹤服務可以幫助你在顧客的心目中留下深刻印象。

讓抱怨變成商機

大部分不滿意的顧客不會直截了當地向你傾訴他們的不滿。他們只會靜靜離開，然後告訴每個認識的人不要跟你做生意。所以，當有客戶抱怨時，千萬不要覺得麻煩，要把處理客戶投訴看作改變顧客的意見、留住生意的絕佳機會。

為客戶服務的三要訣

通常情況下，推銷員與客戶交談時，認為服務只不過是對其「笑臉相迎、笑臉相送」等。其實不然，推銷員為客戶服務時，要急顧客之所急，想顧客之所想，真正從其切身利益出發，這樣才能長久的成功。

有位推銷員去拜訪一家客戶，正逢天空烏雲密布，眼看暴風雨就要來臨。突見客戶的鄰居有床棉被晒在外面，女主人卻忘了出來收。他便大聲呼喚：「要下雨啦，快把棉被收起來呀！」他這一句話對這家女主人無疑是一次至上的服務。因為棉被淋溼確實是件糟糕透頂的事。這位女主人非常感激他，他要拜訪的客戶也因此而十分熱情地接待了他。

在日本歷史上德川與豐臣秀吉的決戰中，當時便有位名將叫做石田三成。他少年時在滋賀縣觀音寺謀生，當時他名叫石田佐助。有天豐臣秀吉外出獵鷹，口渴入寺求茶，石田佐助出來奉茶。石田佐助奉上的第一杯茶是大碗的溫茶，第二杯是中碗稍熱的茶；當豐臣秀吉要第三杯茶時，他卻奉上一小碗熱茶。

豐臣秀吉不解其意，石田佐助解釋道，這第一杯大碗溫茶是為解渴的，所以溫度要適當，量也要大；第二杯用中碗的熱茶，是因為豐臣秀吉已喝了一大碗不會太渴了，稍帶有品茗之意，所以溫度要稍熱，量也要少些；第三杯，因為豐臣秀吉已經不渴，只是迷上了茶香，純粹是為了品茗，所以要奉上小碗的熱茶。

豐臣秀吉為石田佐助的忠心耿耿和體貼入微深深打動，於是提拔他在自己身邊成為一名武士，這使得石田佐助日後成為名將。石田佐助的周到「服務」是很值得推銷員學習的。

石田佐助自我推銷服務的祕訣可歸結為三點：

- **關注對方的切身利益**：口渴奉茶，這是急對方之所急。推銷員在推銷前要了解顧客有什麼困難需要解決，了解了顧客之「急」，然後才能「應急」。
- **把握顧客的目的所在**。：豐臣兩杯茶下肚，還要第三杯，目的便是品茗。所以你要注意顧客的反應。如果你是汽車推銷員，顧客的談話一直集中在車的外型美觀問題上，你就不必對車的性能如何多嘴了。
- **掌握對方的喜好**：佐助奉上好茶，是因為豐臣喜愛品茗，這便是掌握對方的興趣嗜好。如果你向一位打扮入時、花枝招展的少婦推銷電磁爐，你便可以這麼說：「先生和孩子都會高興您能永保美貌，電磁爐沒有油煙，自動烹飪，非常有益於美容。」

培養客戶的忠誠度

客戶忠誠度是由五個因素組成：客戶的整體滿意度；客戶的維護和加強與公司現行關係的主動性；成為重複購買者的意願；向他人推薦公司的意願；以及轉向公司競爭對手的抵抗力。

每個推銷員都明白，想要成功就要爭取留住客戶，尤其是那些能帶來利潤的客戶。那麼，如何才能在市場競爭激烈的情況下培養客戶的忠誠度呢？

- **確定客戶的取向**：客戶取向通常取決於三方面——價值、系統和人。當客戶感覺到產品或者服務在品質、數量、可靠性或者「適合性」方面有所不足的時候，他們通常會側重於價值取向。期望值受商品或者服務的成本影響，對低成本和較高成本商品的期望值是不同的。但當核心產品的品質低於期望值時，他們便會對照價格來進行考慮。
- **讓客戶認定物有所值**：只有保持穩定的客源，才能為品牌贏得豐厚的獲利率。但是，當商家把「打折」、「促銷」作為追求客源的唯一手段時，「降價」只會使企業和品牌失去它們最忠實的「客群」。培養忠誠的客群，不能僅做到「價廉物美」，更要讓客戶明白這個商品是物有所值的。推銷員只有抓準目標客戶的價值取向和消費能力，才能真正培養出屬於自己的「忠誠客群」。
- **服務第一，銷售第二**：良好的客戶服務是建立客戶忠誠度的最佳方法。包括服務態度，回應客戶需求或申訴的速度，退換貨服務等，讓客戶清楚了解服務的內容以及獲得服務的途徑。當客戶得到一次很好的客戶服務體驗時，他們自然會形成「第二次購買」。但如果他們得到一次不好的服務時，他們會向周圍的更多人宣傳他們的「不幸」。因此，推銷員要想提升客戶服務，必須要把與產品相關的服務做到家，然後才是真正的產品銷售。

- **主動提供客戶感興趣的新資訊**：一對一個人化服務已成為一種趨勢，例如可以設計一個程式，請客戶填入他最感興趣的主題，或是設計一個程式自動分析客戶資料庫，找出客戶最感興趣的主題。當有這方面的新產品時便主動通知客戶，並加上推薦函，必能給客戶不一樣的個人化服務感受。
- **知道客戶的價值定義**：推銷員設定一個「客戶忠誠密碼」是非常有價值的。知道客戶的價值取向對於建立高客戶忠誠度非常重要。但是，推銷員要想真正知道客戶的價值定義也絕非易事，因為客戶的價值定義也在不斷變化。投資在客戶忠誠研究上，能幫助公司理解自己能為客戶帶來多大的價值。

無條件為客戶提供售後服務

無條件為推銷提供售後服務，指的是推銷員不圖回報、不辭勞苦、永遠站在客戶的立場上為客戶提供盡善盡美的售後服務。

盡善盡美的售後服務，需要推銷員對客戶的服務要有親密感，有誠信。不能虛情假意，三天打漁兩天晒網，時間不長，客戶就會全然拋諸腦後。

與客戶簽完訂單後，推銷員應立即寄張感謝卡給客戶。現在市場上有許多種感謝卡可供使用，花點小錢作為投資，你會有十倍百倍的回報。你可以在客戶生日寄張生日卡，當客戶真誠地告訴你，他們很感謝你所寄的卡片時，想想看，此時你會是怎樣的心情。

你推銷商品給客戶，是客戶為你提供了收入。但是「君子愛財，取之有道。」推銷員銷售額的大小是表現在與客戶成交量的多少。從某種意義上講，你是在創建、培養一個屬於自己的市場。如果你用誠懇的態度與手法和客戶溝通，就能很快培養出龐大的客戶群，而且會是忠誠度很高的客戶群。

誠信的態度，說穿了就是將心比心，只有取得客戶的信任，客戶才能心甘情願地接受你的推銷，並且還會將你介紹給親戚、朋友、同事等。而此時，你的推銷成本，甚至你所投入的精力就會大大降低。

當你用長期的優質服務態度將客戶緊緊包圍時，就等於讓你的競爭對手永遠也別想踏進你客戶的大門。

推銷員要明白，贏得終身客戶靠的並不是一次重大的行動，要想建立永久的合作關係，你絕不能對各種服務掉以輕心。能做到這點，客戶就會覺得你是個可靠的人，一個值得信賴的人。因為你會很快回電，按照要求送產品資料等等。

不管你推銷的是什麼，優質服務永遠是贏得忠誠客戶的重要手段。當你提供穩定可靠的售後服務，並與你的客戶經常保持聯絡時，無論產品出現何種問題，你都會與客戶一起努力解決。但是，如果你只在出現重大問題時才通知客戶，那你就很難博得他們的好感與獲得他們的配合。

在推銷乃至簽單之後，推銷員要永遠記住「服務，服務，服務」。為你的客戶提供最多的優質服務，以至於讓他們對想與別人合作都會內疚不已，更不用說真的合作。成功的推銷生涯正是建立在這類服務的基礎之上。

一名成功的推銷員應隨時記住，我們不是為了回報而為客戶服務。為客戶提供全方位的售後服務，是推銷員應盡的義務。只有懷抱這樣的態度，我們推銷的售後服務才能盡善盡美。

留住客戶的四種有效方法

俗話說「創業容易守業難」。推銷員經過艱苦的拚搏，終於擁有一定數量的客戶群。但要留住這些客戶，確保客戶的忠誠，的確不是件容易的事。

以下有10個留住客戶的方法。一名專業的推銷員完全有必要去領會、挖掘其中的精華，把實用的進步概念拿來應用在自己的推銷工作上。能做到這點，一個全新的局面就將展現在你面前。

放長線釣大魚

人雖有形形色色，但不論貧富，我們從沒見過哪個人不喜歡特價的。產品促銷不過是鼓勵消費者上門的手段之一，實際上，吸引消費者購買的誘餌很多。其中最常見的有：提供贈品；加值紅利；優惠付款方式；抽獎活動。

鼓勵刺激消費者購買產品不見得一定要花費大筆成本。但實際上，也許你已經提供了一些額外價值給顧客，卻沒有得到良好的回應，但是一些宣傳卻可產生相當不錯的效果。

透過獎勵方案讓客戶再次購買的基本原則也一樣：只有當客戶覺得這東西有價值，效果才會顯現出來。因此，當你苦想要提供什麼樣的服務時，務必要站在客戶的立場上，放長線釣大魚。

誘人的異業結合

所謂誘人的異業結合就是以你推銷的東西為核心，外加其他增值服務，結合成一套商品。這種套裝商品可以增加客戶回頭找你做生意的機會，只要客戶對這整套中的一環滿意，你跟他們的距離就拉近一步，他們成為終身顧客的機率也逐步提高。

異業結合包羅萬象，可以只是額外的小小服務，讓你的商品線更齊全，像是在百貨公司兼賣郵票。或者也可使不同產業領導公司之間的合夥關係。比方說，信用卡發卡銀行以及航空公司就可聯合起來，提供消費者一旦刷卡便可享受飛行里程的優待。

總而言之，異業結合的終極目標就是萬流歸宗，就是讓客戶打算再度消費，最終回到你這裡來。

組成利益共同體

所謂利益共同體，是指一群因為某種共同特性而結合的人，諸如政黨、宗教、國家等。而宗旨沒那麼崇高的團體也包括在內，像是歌迷俱樂部、網路聊天室等。

你的客戶群總在尋找趣味相投的夥伴。同理，當你的客戶發現別人也對你的產品感興趣時，他們可能會分享彼此的經驗，並從中得到不少樂趣。

所以說利益的共同體，往往會令商品身價陡然升高。就拿史努比這個動物形象來說吧，這麼多人為它瘋狂地排隊，一定頗有價值，不是嗎？利益共同體還能帶來消費人潮，所以跑去觀賞哈雷機車車隊遊行的人，必然都會對哈雷機車有興趣，就是這個道理。

把客戶彼此連結起來的推銷員，也同時建立了重複購買的強力機制。一群利益共同體，可以把單純的買賣昇華為一種交情。此外，他也讓客戶對你的公司產生感情。

特別的愛給特別的你

找出你最好的客戶，以更高的條件優待他們。大多數客戶的購買行為多半遵循所謂的「帕特」原則：頂尖的 2 成顧客，帶進公司大約 8 成的業績。針對這 2 成最活躍、忠誠度特別高的顧客，公司理應特別予以獎勵。

許多公司都同意這種看法，並分別設有不同的回饋方法，有的給予贈品與慶祝活動；有的則在獎勵的同時，不忘激勵客戶進一步增加消費；也有特別為這群卓越客群設計酬賓辦法的。

用服務跟進銷量

因為要開發客戶，爭取拿到訂單，必須透過跟進使潛在客戶轉變為客戶。但當一個銷售員已經開發了一定數量的客戶後，往往會忽略一個問題，就是對已開發客戶的跟進。

有些銷售員有個錯誤的認知，認為已開發的客戶已經在跟自己做生意了，不需要再行跟進，就算要跟進也是售後部門的事，和自己的關係不大者認為客戶再訂貨時再跟進也不遲。

事實上，由於銷售員對已開發的客戶跟進不及時，大大影響了客戶的忠誠度，而在激烈的競爭中出現了不斷開發客戶也不斷失去客戶的危險情況，在這篇文章中，我想向大家重點講講如何利用服務性跟進提高銷量。

實踐證明，穩定一個客戶所需的費用是開發一個新客戶費用的十分之一，所要投入的精力也只有開發新客戶的十分之一，透過服務性跟進不但能穩定客戶，並且還會透過客戶的口碑宣傳和介紹帶來更多新客戶。這也就是許多銷售員越做銷量越大，客戶越多的成功之處。也是許多銷售員業績老是沒有起色的主要原因。那麼如何來做服務性跟進呢？

- **要寫好銷售日誌和建立客戶檔案**：在寫銷售日誌時，必須寫清楚每天所拜訪客戶的具體情況與情況分析。並對所有客戶進行評定。客戶檔案必須寫清楚客戶的公司名稱，負責人的名字和職務、電話、傳真、手機號碼、地址、網址、購貨日期、購貨數量、誠信度、客戶購貨的用途（是自用還是為其他客戶代購），對能寫出客戶生日的銷售員給予一定的獎勵。最好還能在檔案中附上客戶的營業執照和法人編號，當然是個人的，最好能了解家庭情況。總之，對客戶了解得越清楚，跟進時就會越精準。

- **在客戶購進產品的一週內進行回訪**：積極幫助客戶解決出現的問題，一絲不苟地兌現售後服務承諾。這裡要強調的是，就算公司有專門的售後服務部門，銷售員也要進行服務性跟進。為你的下一單打下感情基礎。
- **定期跟進，聯絡感情**：逢年過節，簡訊問候，最好能寄新年賀卡和明信片。客戶生日時能有小禮物。透過這些方法，不但加強了與客戶的感情聯絡，最重要的是讓客戶知道你是真心實意地關心他，知道了你是個重感情，懂情意的人。

透過以上 3 點，可以增加客戶的忠誠度，更主要的是客戶會為你帶來更多的新客戶。如果堅持不懈，你會發現許多客戶已經成了你的朋友。朋友多了，你的銷售之路就好走多了。

第十一章
走一條自己的路，不虛此生

每個人腳下都有一條屬於自己的路。只有經一路風雨跋涉而變得豐富充實的人才不虛此生。被人叫「矮冬瓜」的原一平其貌不揚，自加入日本明治保險公司後，改變了一生的命運。從無可救藥的「小太保」，歷經種種辛酸困苦，最後實現了從乞丐到天王的蛻變。被人們稱為「世界上最偉大的推銷員」、「推銷天王」。

無可救藥的「小太保」

1904 年，原一平出生在日本長野縣，他自小家境富裕。父親熱衷於公共事務，在村中擔任要職，為村民排憂解難，德高望重。

原一平在家中排行最小，年幼時就是個矮矮胖胖的「小胖子」，但深得父母疼愛。或許是備受寵愛的緣故，原一平自小就很頑皮，不愛讀書，調皮搗蛋，愛捉弄人，甚至常與村裡的小孩吵架、毆鬥。

有天，原一平閒來無事，便和幾個玩伴到村裡附近的山坡玩耍。當時村裡的多數居民都養了馬，常在山坡上放牧。原一平帶著玩伴，手拿木棒，悄悄跑到馬的後面。然後將木棒用力揮向馬屁股。馬匹被受驚後左蹦右跳，有的甚至跑到山谷中。為了此事，父母常向村民賠禮道歉，並嚴厲地處罰他。父母以及村民都對這個玩世不恭的頑童無可奈何。

上小學時，父母將他託付給老師嚴加管教。可原一平本性難移，根本聽不進老師的教誨。有一次，由於原一平在校的行為實在太囂張，老師忍無可忍將他狠狠打了一頓。

至此，原一平懷恨在心，等待著報仇的時機。幾天後，他趁老師不注意，在其身後用小刀劃了幾下，導致老師受傷。此事雖受到嚴厲的責備，但是他卻有種報仇成功的快感。

而此時父親也因他的種種行為不得不辭職，全村的人對這個惡名昭彰的頑童痛恨至極。為他取了個「混世魔王」的外號。

他這種狂傲不羈的性格，被村人稱為無可救藥的「小太保」。父母也對他的種種行為不知如何是好。叛逆頑劣的個性使他惡名昭彰而無法在家鄉立足。

見此情況，父母只好將他寄養在鄰村的親戚家，並在那裡勉強讀完小學。由於他的名聲在村裡太壞，所以無法好好過日子。於是，原一平在 23 歲那年離開家鄉，獨自到東京闖天下。

永不服輸的「矮冬瓜」

成年後的原一平，身高也只有 150 公分，其貌不揚的他找工作時屢屢碰壁，被拒之門外。

經過不斷努力，他終於找到一份可以生存的推銷工作，欣喜之餘，內心充滿熱情。他沒有工作經驗，沒有推銷技巧，只憑著頑強的拚勁，工作了半年。沒想到，在 60 名業務員中，他的工作業績竟然排名第一。

由於工作表現突出，他很快被升為營業部經理。涉世不深的他，無論在經驗或能力上都不可能領導剩下的幾十名員工。因此，他抓破頭也想不出為何會選中自己，難道是因為我的工作業績？

他心中的疑惑很快有了答案。原來這家公司的經理貪財如命。他看中的正是原一平毫無管理天分，這樣才能順利盜取所有推銷員交納的保證金和稅費捲款潛逃。很快地，公司倒閉，原一平也因此失業。從未為生活擔憂過的他，陷入困境之中。至此原一平在東京闖蕩 3 年終究一事無成。

某天，原一平在報上看到明治保險公司應徵保險業務員的廣告，他認為這是份不錯的工作，便準備前往應徵。這個決定影響了他的一生。

1930 年 3 月 27 日，對原一平是個極不平凡的日子。當時年僅 27 歲的原一平，帶著自己的履歷，內心忐忑地走進明治保險公司的應徵現場。擔任面試主考官的是位剛從美國進修推銷術歸來的資深專家，他瞟了面前這個身高只有 150 公分，體重 50 公斤的胖傢伙一眼，並毫不掩飾地說出一句硬邦邦的話：「你勝任不了這份工作。」

這對內心充滿希望的原一平無疑是個驚天一擊。他被這刺耳的話震住了，半天才回過神來，並結結巴巴沒把握地問道：「何……以見……得，不……能……勝任？」

主考官輕視地對他說：「推銷保險非常困難，你不論是外形還是口才都不合格，所以你不是做這行的料。」

原一平被主考官毫不留情的話徹底激怒，他猛地抬頭望著高大的主考官問道：「請問進入貴公司，要什麼樣的標準才符合要求呢？」

「每人每月完成 10,000 元的訂單。」主考官用蔑視的語氣說道。

原一平驚奇地反問道：「每個人都要完成這個數字嗎？」

主考官嘲諷地說。「那是必須的。」

自小桀驁不馴的原一平，面對此種情況更不服軟。不服輸的性格使他賭氣說道：既然這樣，我也能做到 10,000 元。主考官輕蔑地瞪了原一平一眼，發出一陣冷笑。

原一平不服輸的勇氣使他許下每月推銷 10,000 元的諾言，勉強當了一名「實習推銷員」，但並未因此得到主考官的賞識。

起初他沒有薪水，沒有辦公桌，還常被老同事呼來喝去。因此，最初的幾個月裡，原一平連一分錢的保險訂單都沒談成，當然他的薪水也就化為泡影。

但即便如此，原一平還是一如既往地堅持。他認為既然選擇了這條路，就要做出個模樣，這樣才不虛此生。

蝸居於公園之中

由於沒錢吃飯、沒錢坐車、沒錢租房，原一平只好蝸居在離公司不遠的公園裡。晚上他在公園的長凳上睡覺。白天還是和其他推銷保險的人一樣照常為保險訂單奔忙。

他經常勸慰自己，生活雖然悽慘，但公園的環境也不錯，既乾淨又涼爽，不能怨天尤人，要堅強，這些終會過去。擺在面前的只有一條路，那就是「闖、闖、闖」。從此之後，公園便成了原一平的家，而長凳則是他的「床」。

每天清晨 5 點，原一平便早早起「床」，利用公廁的自來水洗漱，然後徒步上班。路上只吃兩分錢的早餐，不到 6 點便早早到了公司，之後開始一天的工作。晚上再徒步走回「家」 —— 公園。每天奔波勞碌，有時晚飯不吃，他就一頭栽倒在「床」上呼呼大睡。

有一天，原一平實在太累，就脫掉身上唯一值錢的皮鞋，躺在「床」上沉睡。誰料到了半夜，公園裡的乞丐卻將他的鞋給拿走。清晨他起床後發現自己的鞋不見了，便在長凳周圍尋找，結果都沒找到。

此時，原一平嘲笑自己竟然連個乞丐都不如。由於腳上沒有鞋，原一平像乞丐一樣赤腳走路。走到公園附近的垃圾桶時，心想很多有錢人會將穿壞的皮鞋丟掉。為此，他伸手向垃圾桶裡亂摸，果不其然，一雙爛得要命的大頭皮鞋出現在眼前。他欣喜若狂地笑著說「真是天無絕人之路」。原一平穿上這雙撿來的爛皮鞋，走向舊貨市場花了 5 分錢買了雙舊皮鞋。

為復仇不畏心酸

一般初進公司，都會受到上級與老員工的歡迎，並告知在日常工作中人際關係的重要。原一平雖未與同事大打出手，卻一直吵鬧不休風波不斷。或許正是這些「奇遇」，使他從第一天起就成為公司的「知名人物」，名聲遠颺。

當初在應徵時，雖然他對主考官誇下海口，但幾個月來，沒有薪水，只好借債度日。對於完成那每月「一萬元保單」的任務也是遙不可及。

性格倔強的原一平一心只想將同事種種狂笑的屈辱擊碎，繼續點燃心中永不服輸的火焰。他暗暗發誓，一定要為自己遭受的屈辱報仇。

在公司裡，其貌不揚的原一平成為眾多員工使喚的對象，還常遭到同事冷嘲熱諷。為了爭取一個座位，他與經理大吵一架後，勉強有了自己的一席之地。公司的同事大多認為他有神經病。

有人問原一平為何如此重視自己的座位時，他繪聲繪影地說：「不管別人怎麼說，全世界獨一無二的原一平的座位就在此地，這裡是我的陣地也是我的城堡，是我費了好大氣力才爭取來的，所以要特別珍惜。這裡堆砌著我的夢想，會引導我走向成功之路。」

推銷保險並非一蹴可及的事，沒有業績便不會有報酬與收入。但原一平仍然保持樂觀的態度，他常對自己說「一個人在面臨困難時，如果從消極的一面想，會越想越糟，最後變得萎靡不振，而陷入萬劫不復之地；如果從積極的一面想，這正是磨練自己的機會，是黎明前的黑暗，也是攀越高峰必須承受的苦難」。因此，曾經的苦難與辛酸並沒有打敗原一平，反而卻給了他奮鬥的動力。

沉浸在「名牌西裝」中

對於一名保險業務員，端莊的外表會給客戶留下深刻印象。幾個月沒拿薪水的原一平為了省錢，不坐電車，不吃中飯，晚上在公園的長椅上棲身。這樣的經濟狀況，哪還有能力顧及自己的外表去訂做西裝。於是，他總是光顧舊貨市場的舊衣攤。

當時從神田岩本町到淺草橋之間，沿路都是販賣舊衣的地攤。雖然賣的都是二手貨，但衣服的質料不錯，尺碼也齊全。對於身高只有 150 公分的原一平來說，是難得的好去處。窮困潦倒的他終於有了件屬於自己的「名牌西裝」。

但美中不足的是，這件西裝的小口袋都在右上方，而正常西裝的小口袋在左上方。就這樣大概持續了近 3 個月的光景，原一平西裝的小口袋都在右上方。每買來一套西裝，原一平都會穿到不能再縫補才會丟掉。至此，原一平也成為了舊衣攤的常客。

每天一大清早，原一平便會穿上在舊貨市場買來的西裝，自信滿滿地徒步走向公司。邊走還邊面帶笑容哼著小曲。到了晚上，他還時常夢見自己在電車裡，穿著新的名牌西裝大吃大喝。這就是原一平初做推銷員的生活寫照。

從乞丐到天王的蛻變

曾經有位名人說過「一分耕耘，一分收穫，要想收穫得好，必須耕耘得好。偉大的成績和辛勤勞動是成正比的，一分勞動就有一分收穫，日積月累，從少到多，就可創造奇蹟」。

原一平咬緊牙關度過一生中最艱難困窘的日子後，幸運降臨在他頭上。原一平每天清晨起「床」後，都會遇見一位穿著體面的中年紳士在公園運動。久而久之，二人便混熟了。

有天，原一平對同中年紳士打完招呼準備上班時，被他叫住問道「看你精神如此飽滿，渾身充滿幹勁，日子一定過得很舒服。」

原一平笑道：「託您的福，還好。」

「你每天都起那麼早，是個難得的年輕人。我想請你吃早餐，有空嗎？」紳士問道。

「謝謝您，我已經用過了。」

「那改天吧，請問你在哪裡高就？」聽完此話，原一平差點大笑出來。

「我在明治保險公司做推銷員。」

「既然你沒時間吃我的早餐，那我就買你的保險好了。」中年紳士笑道。聽完此話，原一平被鎮住了，此時他才深深感受到喜從天降的滋味。

原來這位中年紳士是一家飯店的老闆，也是三業聯合商會的理事長。經他介紹，原一平很快認識了三業聯合商會的許多知名公司經理人，並很快獲得許多客戶。

這件事，使他多年來的晦氣一掃而光，並使他的工作得到莫大的鼓舞。從此，原一平的命運發生了巨大的改變。

在 1930 年 3 月 27 日，主考官面試那天，原一平立下諾言，每個月要完成 10,000 元保單的任務。換言之，從原一平走進明治保險公司的大門算起，到年底總共 9 個月，也就是 90,000 元的保單。結果，他完成了 168,000 元，超出承諾額 78,000 元。公司同事頓時對他刮目相看。

1936 年，原一平的推銷業績已名列公司第一，但他仍狂熱地工作，並不因此而滿足。在 3 年內創下全日本第一的推銷紀錄，到 43 歲後連續保持 15 年全國推銷冠軍，連續 17 年推銷額達百萬美元，因此被譽為「推銷之神」。

1962 年，原一平被日本政府特別授予「四等旭日小綬勛章」。1964 年，世界權威機構美國國際協會為表彰他在推銷業的成就，頒發了全球推銷員最高榮譽 —— 學院獎等等，原一平是明治保險的終身理事，業內的最高顧問。

原一平在最貧窮時，連坐電車的錢都沒有，蝸居在公園長椅上。最後，他終於憑藉毅力，成就了自己的事業，完成了從乞丐到天王的蛻變。

凡事追求完美

從小泉校長的身上，原一平學到很多東西。

小泉校長最痛恨敷衍了事，馬馬虎虎的人。

當阿部常務董事帶原一平去見小泉校長，請他寫介紹信時，雖然最後小泉校長答應得有點勉強，但他是位一諾千金的人，一旦答應之後，就會非常熱心地幫忙。

他積極地翻查名片簿和同學錄，把熟悉的朋友和學生都介紹給原一平。小泉校長曾在他的名著《我的信條》上寫道：「一個身心成熟的人，必須對自己言行的結果負責。一個事後推卸責任的人，身心是未成熟的。」

小泉校長那一絲不苟、追求完美的處世態度，確實是原一平成長時最好的典範。為了多向小泉校長學習，原一平一有機會就去拜訪他，學習他的為人處世之道。

小泉校長客氣地說：「你不用刻意跑來，其實你只要打個電話，我就會把介紹信寄給你的。」

而原一平的真正目的，是當面聆聽小泉校長的教誨。

他曾告訴原一平：「原老弟，你是從事與『人』的關係最密切的保險行業，所以必須重視每一個認識的人。要與每一個認識你的人建立長期的友誼，唯一的方法就是去喜歡別人，喜歡別人會使對方產生信心，所以你要像喜歡自己一樣去喜歡別人。」

小泉校長是這樣說的，也是這樣做的。

小泉校長雖然從未教原一平如何推銷保險，但他教會原一平認識自己，改造自己，喜歡自己，抑制自己，最後有效地把自己推銷出去。

他說：「即使對只來往過一次的人也要珍惜，你先喜歡對方，對方自然也會喜歡你，這麼一來，對方就有可能在關鍵時候拉你一把。」

家中的後備力量

要作一個事業成功且家庭幸福的人，首先就要看陪伴你一生的妻子對你的理解程度。推銷大師原一平說：「我因為有了久惠的理解，才有了成功的理念。」

身為一名推銷員，當你成功完成一筆交易後，是否會告訴妻子，讓她一起分享這成功的喜悅呢？

人的成長離不開家人的支持。只有得到家人的全力支持，你的事業才會更上一層樓。原一平把他的成功歸根於太太久惠。

他認為，推銷工作是夫妻共同的事業。所以每當有了一點成績，他總會打電話給久惠向她道喜。

「是久惠嗎？我是一平啊！向妳報告一個好消息，剛才某先生投保了1,000萬元，已經簽約了。」

「哦，太好了。」

「是啊，這都是妳功勞，應該好好謝謝妳啊。」

「你真會開玩笑，哪有人向自己的太太道謝的？」

「哎喲，得了，得了。」

「我還得去拜訪另一位先生，有關今天投保的詳細情形，晚上再談，再見。」

學會分享成功的果實，是取得家人支持的一個妙方。

只花了幾毛錢，就能把夫妻的兩顆心緊緊連在一起，這是任何人都能做到的事，只是大部分人沒去做罷了。

原一平還認為，目前從事保險行銷的女性雖然業績不錯，但難以取得先生的諒解與合作的原因，就在於未能與先生共享快樂。

曾經有人問原一平：「像你這樣拚命工作，人生還有什麼樂趣？」

其實原一平是天下最快樂的人，他不但在工作中找到人生的樂趣，而且真正贏得家庭的幸福。無論從事何種行業，都必須重視家庭，必須以家庭為事業發展的起點。取得家人的支持，還有一點，就是要努力改善家人的生活品質。

經過你的努力付出，取得豐碩的成果，與家人一同分享，並與他們一齊成長。有了家人的全力支持，天下無難事。

有的推銷員業績不錯，但總是得不到家人的理解與支持。可也許與沒做到成功分享的方法有關。原一平在談到自己的成功時，一再強調與妻子的理解有關。這不僅能提高工作效率，還能增進彼此的感情。

所以原一平一再指出，不論從事何種職業，必須重視家庭的力量。原一平也常因遭到挫折而心灰意冷。不過，他對家的原則是報喜不報憂，不願把痛苦帶回家中。每當自己陷入低潮時，總是不斷鼓舞自己，使自己能夠很快恢復幹勁。等原一平熬過痛苦之後，才會心平氣和地告訴太太。

「不管我做得多好，困難總是有的，這才能使人進步」。正是靠著這種同甘共苦的精神，原一平夫婦二人才能同心協力奮戰到底。

時刻不忘為自己「充電」

美國名作家愛默生（Ralph Waldo Emerson）說：「知識與勇氣能造就偉大的事業」。當前是個資訊爆炸、知識更新飛快的時代，當代人必須適應這種日新月異的變化，在日常工作中，許多環節都需要運用新知識、新消息，才能更有效地完成任務。

原一平有段時間，每到星期六下午就會自動失蹤。

他去了哪裡呢？

原一平的太太久惠是知識文化水準頗高的日本婦女，因原一平書讀得太少，經常聽不懂久惠話中的意思。另外，因業績擴張而認識更多更高層次的人，許多人的談話內容原一平也是一知半解。

所以，原一平選擇星期六下午為進修時間，並且決定不讓久惠知道。

每週原一平都要事先安排主題。

原本久惠對原一平的行蹤一清二楚，可是自從原一平開始進修後，每到星期六下午他就失蹤了，久惠好奇地問原一平：「星期六下午你到底去了哪裡？」

原一平故意逗久惠說：「去找小老婆啊！」

過了一段時間，原一平的知識長進不少，與人談話的內容也逐漸豐富。

久惠說：「你最近的學問長進不少。」

「真的嗎？」

「真的啊！從前我跟你談問題，你常因不懂而逃避，如今你反而理解得比我深入，真奇怪。」

「這有什麼奇怪呢？」

「你是不是有什麼事瞞著我呢？」

「沒有啊。」

「還說沒有，我猜一定跟星期六下午的小老婆有關。」

原一平覺得事情已到這地步，只好全盤托出。「我覺得自己的知識不夠，所以利用星期六下午的時間，到圖書館去進修。」

「原來如此，我還以為你的小老婆才智過人。」

「學而不思則罔，思而不學則殆」。這是大教育家孔子強調幹勁及學習的境界。在孔子的眾多弟子中，並非每一位都充滿幹勁，都勤奮好學。例如宰予：雖然有絕佳口才，卻怠於學習。對於宰予，連孔子也不禁搖頭嘆道：「朽木不可雕也。」再多的責罵，這種人也是本性難改，可以說這種人是無可救藥之徒，終將被社會淘汰。須知，在現代社會中，不充電就會很快沒電。

有成功理當回報

推銷大師原一平曾說過：「每個人的成功都離不開你身邊人的支持，還有你的客戶，更重要的是社會的支持。我是因為想報恩才努力汲取成功的」。所以晚年的原一平總是努力總結一生的推銷經驗，毫不保留地流傳於各個行業。

每個人都應該有報恩的信念，不管是你成功後還是成功前，都應保留這個信念。一名推銷員更是如此。可能在你摸索成功道路的時候遇到挫折；可能你覺得自己得到的是幸運之神的眷顧。其實想的很單純，根本沒有那麼多可能，說白了，你永遠離不開人類社會。

1964 年 1 月，美國紐約的國際協會總部向原一平頒發學院獎以表揚原一平。這可能是很多人夢寐以求的。當這個世界性權威機構要表彰原一平的成就時，卻被他一口拒絕。不過經歷堅決推辭後，沒想到該協會還是選定了原一平。這個最高榮譽的到來，原一平只是平淡地告訴太太久惠說：

「這是妳的，沒有妳，我也看不到這個榮譽。」

「不，我什麼也沒做啊，這是你自己的。」

原一平依然拿著信自問：「我真的當之無愧嗎？」

望著這個最高殊榮，原一平自忖自己是個幸運兒，在潦倒落魄時巧遇貴人，絕處逢生。在奮鬥過程中，又遇到高人指點、栽培、教誨。只有這樣，桀驁不馴的原一平才逐漸磨練成功。

原一平望著自己書房中的六個大字「社恩、客恩、佛恩」的匾額。露出不知算是哪一種笑。妻子久惠在他的 38 種笑中久久地尋找著。這就是原一平在成功後露出 38 種微笑的綜合。

知道回報的人，才能成為卓越之士。一味向社會索取，當其成功後，不知道是否有這個成功信念的常青樹。有了這個信念，才能算是真正的成功。成功後不回報社會的，說白了他也不算成功。

原一平的推銷結晶

1. 推銷成功的同時，要使該客戶成為你的朋友。
2. 任何準客戶都有一攻就垮的弱點。
3. 對於積極奮鬥的人而言，天下沒有不可能的事。

4. 越是難纏的準客戶，他的購買力也越強。
5. 當你找不到路的時候，為什麼不去開一條。
6. 應該讓準客戶感覺認識你非常榮幸。
7. 要不斷去認識新朋友，這是成功的基石。
8. 說話時，語氣要和緩，但態度一定要堅決。
9. 對拜訪推銷員而言，善於聆聽比善辯更重要。
10. 只有不斷尋找機會的人，才會及時把握機會。要躲避你所厭惡的人。
11. 忘掉失敗，不過要牢記從失敗中得到的教訓。
12. 過分謹慎不能成大業。
13. 世事多變化，準客戶的情況也一樣。
14. 推銷的成敗與事前的準備功夫成正比。
15. 光明的未來都是從今天開始。
16. 失敗其實就是邁向成功應交的學費。
17. 若要收入加倍，就要有加倍的準客戶。
18. 在還沒完全氣餒之前，不能算失敗。
19. 好的開始就是成功的一半。
20. 空洞的言論只會顯示說話者的輕浮而已。
21. 「好運」照顧努力不懈的人。
22. 錯過的機會是不會再來的。
23. 只要你說的話有益於別人，你將到處受歡迎。
24. 儲藏知識是最好的投資。
25. 拜訪推銷員不僅要用耳朵去聽，更要用眼睛去看。
26. 若要糾正自己的缺點，先要知道缺點在哪裡。
27. 昨晚多幾分鐘的準備，今天少幾小時的麻煩。

28. 未曾失敗的人，恐怕也未曾成功過。

29. 若要成功，除了努力和堅持之外，還要加點機遇。

30. 成功者不但懷抱希望，而且擁有明確的目標。

第十二章
邁出推銷的地雷區，成功不是一朝之事

推銷大師原一平利用多年的保險推銷經驗，總結出可以避免踏入推銷迷思的方法。古語說：「以銅為鑑可以正衣冠；以史為鑑，可以知興替；以人為鑑，可以明得失」。以推銷員在推銷過程中踩到地雷的案例為「鑑」，可以避免犯下同樣的錯誤。都說聰明人從不踏入第二個同樣的陷阱，其實還有比這些聰明人更聰明的人。更聰明的人，從不踏入已知的、他人掉過的陷阱。而是從其他人的事例中反省自己，提高警惕。

小心「禍從口出」的誤解

病從嘴入，禍從口出。日本著名的推銷專家認為：推銷員在很大程度上是靠嘴吃飯的，可稱之為「口力勞動者」。但如若他們不能管好、用好自己的嘴，前途絕對是一片黑暗。那麼，推銷員要如何才能避免禍從口出呢，有哪些類型的語言會讓自己丟了飯碗呢？

汙言碎語型

一個專業推銷員，為了與人相處融洽，通常應學會接受別人和自己的不同之處，為此也需要容忍別人的不良習慣，比如習慣性的汙言碎語。但是推銷員自己絕不能使用汙言碎語，特別在推銷時尤其要注意這點。

推銷大師在向一位屠夫推銷保險時就曾遇到過客戶滿口汙言碎語的情況。

「您好，最近生意怎麼樣？」

「要你管，閃一邊去，別妨礙我做生意。」

「呵呵，看來您生意不錯。除了做生意之外，您還想要其他的保障嗎？」

「老子只想好好賣肉不想幹別的，哪涼快閃哪去。」

原一平壓住心中怒火說：「您每天在市場上早出晚歸，應該給自己以後的生活一個良好的保障，想休息的時候可以有份養老的保障」。

此時出言不遜的屠夫聽後也覺得有道理，認為是該為自己以後的生活設定一個規畫，免得一輩子奔波勞碌。

之後，他趾高氣昂地說：「你在一邊等會，忙完後再跟你談。」就這樣，原一平又找到一位準客戶。

為此，原一平總結出一條經驗：專業的推銷領域中有條簡單的規則可循：絕不能出口成髒。這個規則沒有例外，雖然客戶用字粗俗，但那並不表示你就得要同唱此調或模仿他的汙言碎語，更不是「見人說人話，見鬼說鬼話」。在專業的推銷領域裡，推銷員絕不能口出髒話，可以容忍客戶的粗話，但千萬不要與之看齊。

滔滔不絕型

此類推銷員不論在哪裡都能聽到他喋喋不休的大嗓門。他們認為只要一直不斷說話，就能說服客戶，使生意得以成交。但他們這種滔滔不絕的態度，卻忘了客戶是否能夠容忍。

著名的日本推銷大師認為，此類推銷員是受了自我膨脹症候群的影響。他們總是活在自我中心的世界裡，並認為自己是最棒的。這種活在自我世界裡的人很少與旁人溝通，並以為自己是知曉一切的萬事通。他們膨脹的自我常會給自己帶來麻煩，也因此常和別人爭得面紅耳赤，或嫉妒別人的成就，或看輕其他人。他們毫不在乎別人的感受。

有一次，一位年輕推銷員向原一平請教該如何與客戶溝通。原一平笑著說：「你平常都怎樣跟客戶談話的。」

「一般與客戶見面後向對方介紹產品的特點、好處，反正就是用各種方法說服他，可結果卻適得其反。」

「呵呵，在與客戶交談時，有時沉默也可獲得萬桶金啊。時不時聽聽客戶的想法，傾聽他們的心聲，比你說上一萬句都管用。」

這位青年恍然大悟。為此，原一平認為：專業的推銷員都必須了解與切記一件事，那就是我們並不是靠口若懸河才使生意成交的。我們之所以能成功完成交易，是因為我們深諳溝通的技巧和詢問的藝術。

因此，與客戶交流時，要放慢語速和降低說話音量，採取較低的姿態，並以問答方式來延續和客戶的談話。我們應該學習何時閉嘴，必要時不妨沉默，因為「沉默是金」。

措詞不當型

全世界的專業演講者都深信，語言有著極大的力量，因為它能在聽眾的腦海中形成一幅圖畫。推銷員也許並不明白遣詞用字所產生的力量。為此有很多人不斷地犯同一個錯，他們的收穫自然也變得有限。

推銷員與客戶交談時所用的語言不但沒有太多價值，而且對整個推銷過程甚至是有害的。為此，文字在我們的日常生活中扮演著極重要的角色。推銷員要擅長用語言來展現客戶想要的結果，以及用語言來引導某人給個正確的或負面的答案。為此，應該小心使用語言來幫你推銷產品服務或理念。

喜好爭辯型

經驗豐富的推銷員是不會和客戶或潛在客戶爭論的。如果推銷員在推銷過程中和可能購買自己推銷產品的客戶發生爭論，那麼這種行為絕對犯了大錯。也有些客戶蠻不講理，為你的推銷工作帶來極大的麻煩。但此時除了爭論之外還有其他方式可以解決彼此間的分歧。總而言之，絕對不能和客戶爭論。

要記住，只要一件小事就可能令購買產品的客戶不悅，而你又必須費很大功夫才能讓他滿意。當他想買你的產品時，基本上他是很敏感的，身為推銷人員的你，切記不要冒犯客戶。

當你感覺客戶變得很敏感時，要小心處理他的情緒。當你詢問客戶問題或陳述一件事情時，態度要柔和謙卑。在你推銷產品時，不妨運用下面這些話來緩和當時的氣氛。如：這位先生，我這麼說絕不是要諷刺您，這位先生，我懂您的感受，這位先生，謝謝您指出我們產品的缺點等。

記住，千萬不要和客戶爭辯，因為那不划算。就算你贏了客戶，但他也會拂袖而去。這時又是誰輸誰贏呢？

畫蛇添足型

一旦客戶決定購買某項產品時，他會簽好一切必要文件，也會付清貨款或訂金，這時他會覺得自己和推銷員之間的關係更密切了。此時他不想再扮演聆聽者的角色，他希望自己也能說些話，但是這時偏又碰上某些推銷員只顧一而再、再而三地重複強調產品的特性，而不讓客戶發言。

有一句成語是這麼說的：「言多必失」。這句話是智慧的箴言。你不妨回想一下，以前你因為多話而讓自己惹上麻煩嗎？那又何苦呢？在生意成交後，你最好只對客戶說：「某先生，在我離開前您還有什麼問題嗎？」

如果客戶有問題，你就仔細聆聽。如果他沒有任何問題了，你就禮貌地謝謝他之後離開。

心理迷思難成事

原一平在近幾十年的保險推銷生涯中得出的結論是：「你心裡想成為什麼，你就會成為什麼。是心理決定了行動。」但是，哪種類型的心理會延誤行動，最終導致失敗呢？

輕言放棄型

有的推銷員遇到難纏的客戶時，便說：「我不做了，可以嗎？」。事情進展不順利時，我們也常聽到人們用這種話來打退堂鼓。「難道推銷就是這樣嗎？以後再也不做了。」

有這種想法的人就錯了，其實這跟推銷本身毫無關係。這無非是那些想輕言放棄的慣用說詞罷了。請記住，在你未用盡全身力氣前，千萬不要輕言放棄。甚至當你認為自己已經盡了全力時，不妨再試一試。

原一平初涉保險推銷行業時，無家可歸，每天睡在公園長椅上，早上跑步上班。即便是這樣艱難的環境也沒讓他放棄，因為他堅信自己一定會成功。

每個推銷員都有自己的夢想，但不論夢想大小，都需要時間才能實現。有些人花了 5 年、10 年、15 年或 20 年的時間才實現他們的夢想，但有人卻要花上一輩子的時間圓夢。你的夢想是什麼？不論你擁有什麼樣的夢想，一定會遇到挑戰，碰到阻攔和困難。最重要的一點就是，千萬不要輕言放棄。

負面心態型

有的推銷員會抱怨說：「你知道嗎，並不是我做得不好，實在是因為市場不景氣啊。」或者說：「我們的經理對推銷一竅不通，他只會給別人壓力而已。」

原一平認為：推銷員之所以有這樣的負面心態，完全是因為他有強烈的不滿。這一切也正是因為他不了解與這個世界的相處之道 —— 在於必須先檢視自己，而且最重要的是，必須懷抱著正面的態度。

心態是由你放入腦中的想法所決定和控制的。有句眾所周知的諺語是這麼說的：「你之所以是你和你之所以在此，均是因為你內心想法的緣故。」因此，如果你想改變自己或換個環境，你必須先改變自己的想法。

當你有負面心態時，所表現出的行為也多半是負面和消極的。如果你真想將推銷工作當作事業，首先就必須擁有正面心態。因此，不要再用「我辦不到」這句話來當藉口，而要開始付諸行動，告訴自己「我辦得到」。

預設立場型

推銷界最常見的一個錯誤，就是推銷員為了要讓自己顯得專業而硬把錯的話說成對的，並讓別人背黑鍋當傻子。這種預設立場的行為是失敗者慣用的伎倆。它就像一面看不見的牆，阻礙了你通往成功的道路。

也經常有推銷員四處抱怨下列這些事：「公司的產品有瑕疵、服務部門工作不盡力等」。公司或許會根據這些批評來修正。但實際上，這個推銷員所做的是弊大於利的事。在這過程當中，他為自己、產品及公司所營造出的負面形像是種不專業的表現。此外，他的行為也對公司的其他人不公平。

一個具有專業知識的推銷員應該會盡力維護他的公司、老闆、上司以及與這筆生意有關之人的形象。當一個推銷員只是努力維護自己時，就會傷害別人。

有一次，客戶抱怨原一平公司的保險售後服務較差。如果他不設法弄清原因，作出解釋並向客戶道歉，而是當著客戶的面大力抨擊公司的服務或上司：「真不知道他們除了吃飯還會做什麼。」這樣做能解一時之氣。但他沒有，因為原一平知道，這麼做其實是搧自己耳光。因為自己也是公司的一員。

因此，推銷員面對這種情況時，記住不要忘了「對不起」這三個字。這三個字會為你製造奇蹟。無論在何困難的情況下，你都可以把這三個字掛在嘴邊，因為他們對於聽到這三個字的人意義重大。

「對不起，我相信對於這個有缺陷的產品，公司方面一定會給您個滿意的答覆。我會向公司報告此事，然後再回覆您。這位先生，我再次代表公司向您致上最深的歉意。」這些話對一個客戶而言是深具意義的。

別讓這些行為壞了事

原一平曾說過：「若要糾正自己的缺點，先要知道缺點在哪裡」。推銷宛如一件細木工活，推銷員的所有行動中，只要有一件行動引起客戶的不快，就可能完全毀了「推銷」這件產品。那麼，推銷員在推銷的過程中，哪些行為會導致推銷的失敗呢？

遲到大王型

原一平認為：當客戶與你約定時間見面，千萬要準時赴約。如果確定無法準時赴約，記得一定要先打電話向客戶說明無法準時赴約的原委，以求得到諒解。

沒有時間絕對不是個好藉口，每個人每天都被賦予 24 小時，如果其他人都能有足夠的時間，為什麼唯獨你沒有呢？

那些聲稱沒時間的人，其實只是不懂得規劃時間而已。你或許會為自己辯解：「我手頭有太多事要做。」但還有什麼事比一個推銷員去見客戶更重要？每件事情都有輕重緩急。如果你以「因為手頭有太多事要做」而與客戶爽約，那麼客戶就會認為你根本就不重視與他的見面，他會因為被你輕視而惱怒。

時間就是金錢。每逝去的一秒鐘都不可能再回頭。成功的推銷員所以成功，就在於他們能完全充分利用時間。此時只要一本簡單的效率手冊，就可以幫你解決時間問題。請記住，時間就是金錢，凡事都應做好計畫並準時去做才是上策。

惡習不改型

有些推銷員之所以能在推銷行業成功，原因即在他們有好的習慣。許多有壞習慣的人似乎不曾注意自己有哪些壞習慣，因為他們根本就沒有認知到這些壞習慣的存在。因此，推銷員應該了解哪些行為會導致客戶厭惡。

- **把玩假牙的人**：你是否看過令人作嘔的一幕 —— 戴假牙的人在大庭廣眾下把玩他的假牙。尤其是在飯前飯後，你可能會看到他們把假牙從口裡拿出又裝回去的模樣。對我們而言，那可能只是滑稽的一個舉動，但對你的客戶來說，那是令人厭惡的行為。
- **眼珠子轉個不停的人**：這是不論男女都常有的壞習慣。有時候，這種人並不知道何時該將目光集中。一位男性推銷員與客戶交談時，將目光盯在走過身旁的一位美女身上而因此分了心。他將注意力由客戶轉移到那位美女身上，而忘了自己正在說的話和做的事。
- 但你難道不會覺得，你的客戶會因此而覺得自己是局外人且被忽略的感覺嗎？這是否表示你的客戶不重要呢？如果忽略你的客戶，這絕對是個嚴重的錯誤。
- **不必要的敲擊聲**：如果有人用手指在桌上敲個不停，相信你一定會很不舒服。也許他曾以為自己在彈鋼琴。許多推銷員並不知道，當他們和客戶面對面談生意時，自己的壞習慣會使客戶惱怒。這樣的壞習慣可能會因此而毀了你生活中的目標和理想。

找錯對象型

對投資了不少時間、精力和金錢在客戶身上，到頭來卻發現找錯對象。對方根本不是有表態和下單權力的人，這對推銷員來說是件難過的事。

「先生，你好！」

「你是誰呀！」

「我是明治保險公司的原一平，今天初到貴地，有幾件事想請教你這位遠近出名的老闆。」

「什麼？遠近出名的老闆？」

「是啊，根據我調查的結果，大家都說這個問題最好請教你。」

「哦！大家都在說我啊！真不敢當，到底是什麼問題呢！」

「實不相瞞，是……」

「站著談不方便，請進來吧！」

因此，拜訪任何一位可能的客戶前，要先做些市場調查。和公司的高層人士洽談時，不要顯得太過急躁，他可能並不是你真正要談生意的對象，而且你的一切努力也不一定會有回報。

磨磨蹭蹭型

得到客戶的支持和信賴是推銷員所應追求的目標。推銷員要和客戶發展並建立親密互動的良性關係。但許多推銷員並不知道做這件事的適當時機，他們通常選在生意成交之後才做，這種方式極不專業。

如果在生意成交後，推銷員仍磨磨蹭蹭不肯離去，試圖與客戶進行更多交流以增進彼此的感情，那無疑是浪費客戶的時間。客戶或許會想：「難道你沒事做了嗎？」因此，推銷員在生意成交後，別磨磨蹭蹭。既然已達成目標，就該真誠地感謝客戶，然後馬上離開。但別忘了生意成交後的後續工作，還需要大量時間去拜訪其他人。

無動於衷型

你曾經手中拿著一條死魚嗎？如果你是個推銷員，我認為你每天都有機會遇到這樣敷衍了事隨便握手的人。和這種人握手就像手裡握著一條死魚的感覺。這裡指的是別人和你握手時沒有緊握住你的手的意思。很多時候，許多推銷員在和別人握手時也是這樣敷衍了事。

你今天是否熱誠地握過別人的手？還是你也敷衍了事解決問題呢？你知道從一個人握手的方式可以看出許多關於這個人的事嗎？

缺乏耐性型

性子太急，永遠匆匆忙忙，慌慌張張，反應全是缺乏耐性的象徵。一位推銷員因為缺乏耐性，會失去很多生意上的夥伴。

對於毫不顧忌他人想法的推銷員，客戶通常會這樣回答：「既然如此，等下次特價的時候再說吧。沒關係，我一點都不急著要這東西。」

推銷員如果心太急，以至於想用特價方式誘導客戶購買產品。哪知道這種高壓式推銷技巧卻適得其反。有時用這種技巧可以奏效，但大部分時候會產生相反的效果。

在生活中缺乏耐性的人往往會失敗，在推銷這行，如果你是個沒耐性的推銷員，就注定是個失敗者。

自以為是型

在任何生意成交前，一般都會經過意見分歧這個階段。有的推銷員也許會想像下列這種情況。在生意成交後，推銷員竟說出這樣一句話：「看見沒，我就跟你說，你終究會買我的產品的。不是嗎？」

以上可以告訴我們，即使一筆生意從一開始就勝券在握，最後也要與客戶和和氣氣地談。否則你會因小失大。此外，你和客戶商談時如果有分歧，也仍要表現友善的態度。因為這會讓你免去許多不必要的麻煩，你該學習如何衡量事情輕重和各種情況。學會謙卑地做生意。

為此，在生意成交後，你應該謙卑地對客戶說：「先生，我很高興您做了正確的決定，我很榮幸您給了我為您服務的機會。」然後，你要握手向他致謝禮貌地離開。

成交前後的三大迷思

有的推銷員在推銷過程中由於不注意推銷方法和技巧，而常陷入推銷的迷思，繼而影響推銷成功的效率。那麼，推銷員在推銷產品的過程中應該注意哪幾大迷思呢？

不重視顧客的異議

當客戶對某種產品說「不」時，多數推銷員會垂頭喪氣。他們認為，遇到某些障礙就代表客戶拒絕購買。導致這一結局的原因在於推銷員對客戶的異議缺乏正確的認知。日本著名推銷大師原一平一直堅持一個觀點：就是在推銷員遇到障礙後，推銷工作才算真正開始。在推銷過程中遇到障礙是最正常的現象。老練的推銷員反而會喜歡客戶表達異議，因為他們明白異議並不是不可解決的問題，很有可能還會促進成交。

但是，最難對付的客戶就是絲毫沒有興趣的「啞巴」。他們會讓推銷員勞心費神地揣摩其真實想法。所以，顧客提出異議，其實是幫助推銷員更有效地推銷產品，這在無形中能向你提供許多有價值的資訊。對於推銷員來說，這些異議和障礙都可作為有效的路標。

害怕主動提出成交

多數推銷員會錯誤地認為，自己沒有必要主動提出成交的問題。在向客戶介紹完產品後，他們會主動購買。但研究顯示，推銷員主動提出成交可以大大提高客戶的認購率。因為他們當中有不少人需要你的推動才會採取行動。

原一平認為：大多數人都有購買的惰性，這時推銷員如能旁敲側擊，他才能克服自身的惰性購買產品。因此，推銷員必須主動爭取成交。在精心準備推薦活動時，應當設計幾種成交的方法。如果第一次努力沒有成功，下一次努力還可以產生較好的效果。因此，推銷員要巧妙應付客戶對產品說「不」的回答，並像拳擊手一樣立刻跳回來準備再次出擊。遭到拒絕時毫不退縮，應當是個優秀推銷員必須具備的素質。

成交之後貿然離去

在購買成交後，有些推銷員會驟然離去。這其實是種很不專業的處理推銷產品的方式。面對推銷員的這種行為，有時客戶會因此而取消訂單。這時因為推銷員的態度不佳會使客戶產生一種無法信任你的感覺，而且他也會覺得你在乎的只是那份訂單。

還有些推銷員在客戶簽下訂單或支付訂金的那一刻，便立刻結束與客戶的談話，匆忙撕下訂單複本交給客戶。然後清點訂金並查看客戶是否在支票上簽名，把支票小心翼翼收進口袋裡，就風風火火地離去。唐突地離去可能會使你的客戶改變主意。這並不是處理一樁生意的專業做法，推銷員應引以為戒。

推銷大師原一平告誡推銷員，成交之後應該與客戶交談 15 到 20 分鐘。之後推銷員應該禮貌地詢問：「請問您還有沒有任何事情要和我討論？如果沒有，我就要離開了。以後如果您還有其他問題，請您打電話給我。謝謝您，再見。」

貶低競爭對手對你毫無益處

推銷員在推銷產品時遇到同行是件正常的事。此時，有的推銷員為了競爭會不擇手段地貶低對手，這在市場上是經常出現的狀況。

當某種新產品剛上市時，大家都賣得很好。但沒過多久，由於競爭愈演愈烈，同行之間便開始互相攻擊，互揭瘡疤，有的甚至將對方的產品說得一文不值。

此時，一個本身具有良好市場潛力的產品，在消費者心目中的形象也會大打折扣，價格會越來越低，利潤也越來越少，最後大家抵擋不過，只好一起退出市場。

由上可見，直接攻擊競爭對手可說是種自殺行為。就算不直接攻擊競爭對手，你也不能在競爭對手背後進行人身攻擊。身為行業，同行的這個圈子看起來很大，其實很小，有時候抬頭不見低頭見；你說的每句話，隨時都有可能傳到對方的耳朵裡。

不貶低誹謗競爭對手的產品是推銷員的鐵律。一名合格的推銷員一定要記住，把別人的產品說得一無是處，絕對不會為自己的產品增加一點好處。面對競爭對手時，心胸一定要豁達。你的目的是推銷產品，而不是跟對手鬥氣。

推銷員如果對競爭對手加以攻擊，往往會失去客戶。相反地，若能以詢問來應付競爭，就會收到良好的效果。「詢問」，就是把露骨的攻擊加以隱藏，藉著詢問顧客問題的方式，以幫助他做結論。

假如客戶已買了某牌的濕紙巾，而推銷員竟然暗示顧客是判斷錯誤才會選購這種商品，那麼會使顧客對你築起一道鴻溝，不願採納你的意見。因此，原一平認為推銷員在拜訪顧客時，應該以詢問方式推銷。

「×× 先生，您想不想節省每天浪費的經費？」

這是對客戶播下「因失去不該失去的金錢而不滿」的種子。通常，大部分客戶都同意該節省不必要的開銷。

「您是否經歷過某人因為一些意外而拿到保險公司的鉅額賠償呢？」

「是的，看過？」

「但像這樣的事，您曾想過嗎？」

「我曾想過。」

原一平本來就知道這位客戶的身體狀況，但他為了讓對方親口說出產品的好壞，故採取詢問的方式。

這時，原一平從口袋拿出一份保險計畫書，接著再往下詢問：「您看看我為您設計的一套養老計畫書如何？」

「看不出有何不同，跟其他保險公司的都差不多。」

「用我這套保險計畫書可以使您養老無憂，您看……？」

「好。」

由以上對話可知，原一平並沒有直接針對競爭對手的產品品質，僅憑藉「詢問」來開拓自己的市場。雖然這種詢問方式並不一定在任何情況下都能打動顧客，但比其他方法能得到更多的訂單，卻是不容置疑的。

競爭市場就像個大舞台，每個推銷員登上這舞台時展現的不只是自己的產品，更是自己的人品。而這個舞台的觀眾 —— 你的客戶，則會根據你的一言一行做出對產品的選擇。用光明正大的方式競爭，不僅能贏得客戶的尊敬，也能贏得對手的尊敬。只有得到尊敬，生意才會好，生意才能做得久。

別陷入為客戶做決定的迷思

推銷員在推銷產品的過程中，是將你的意願強加於客戶，還是讓他們自己做決定呢？推銷員千萬不能勉強任何客戶購買你的產品，如果忽視這點，而用軟硬兼施的方法勉強客戶購買的話，你很可能會失去這位客戶。更糟的是，他還會向所有朋友宣傳你的態度，這是得不償失的行為。

推銷大師原一平曾說過：我多次拜訪過一個客戶，但從來都不主動詳談保險的內容。有一次，客戶問我：「原先生，我們交往的時間不算短了，你也給了我很多幫助，有一點我一直不明白，你是做保險業務的，可我從來都不曾聽你對我談起保險的內容，這是為什麼？」

「這個問題嗎，我暫時不告訴你」。

「喂，你為什麼吞吞吐吐不說呢？難道你對自己的保險工作也不關心嗎？」

「怎麼會不關心呢？我就是為了推銷保險才經常來拜訪你的啊」。

「既然如此，為什麼從來沒向我介紹保險的詳細內容呢？」

「坦白告訴你，那是因為我不願強人所難，我向來是讓準客戶自己決定何時投保，從保險的宗旨和觀念上講，硬逼別人投保是錯誤的。再說，我認為保險應該等準客戶感覺需要後再投保，因此，未能使你感到迫切的需要，是我努力不夠。在這種情形下，我怎麼好意思開口讓你買保險呢？」

「你的想法跟別人就是不一樣，很特別，也很有意思。」

「所以我對每一位準客戶都會連續不斷拜訪，一直到準客戶自己感到需要投保為止。」

「如果我現在就需要投保呢？」

「先別忙，投保前還得先體檢，身體有毛病是不能投保的，身體檢查過後，不但我有義務向你說明保險的內容，而且，你還可以詢問任何有關保險的問題。所以，請您先去做體檢。」

「好，我這就去做體檢」。

設法使準客戶對保險有正確的認知後，再誘導他們自己主動投保，這才是保險推銷員的正確做法。其他產品的推銷亦是如此。

團隊精神也很重要

團隊精神，顧名思義，即是強調團隊，而不是個體。最受大眾普遍接受的就是：「把合作者看作一個團隊，由團隊共同面對問題，由團隊群策群力解決問題。最忌諱的就是單幹。」

大多數推銷員認為，推銷就是一場與客戶間的戰爭。根本就不需要與別人合作，更不需要團隊精神。其實這是一種錯誤的想法。他們不知道，很多時候，產品推銷的成功是需要彼此一唱一和來完成的。

原一平認為：一個推銷員能否成功進行推銷，主要取決於自身的推銷能力，但如果只把推銷看成推銷員個人的事就會變得非常狹隘，因為沒有一個人是萬能的。

因此，要想成為優秀的推銷員，團隊精神是必不可少的。團隊精神具有目標導向功能、凝聚功能、激勵功能、控制功能。如果一個團隊缺乏團隊精神，就會產生嚴重內耗。相反地，一個具有團隊精神的團隊，會喚起團隊中每個人心中的榮譽感和自覺性。會為團隊目標共同努力。

在日常生活中，有很多優秀的推銷員是透過團隊合作進行推銷的。如今，單打獨鬥，逞英雄的時代已經結束。想要在最短時間內完成高效率的任務，就要建立能共同作戰的團隊合作精神。那麼，推銷員在建立團隊協作時，應該注意哪方面的問題呢？

- **找到好搭檔**：找到與自己適合的搭檔進行產品推銷，最重要的是，要與自己的特長互補。包括能力、特點、性格等方面。其實最好的搭檔應該是自己最好的朋友。但值得注意的是，不要為了利益而合作。假使這樣，再好的推銷搭檔也會為了利益而分崩離析。
- **揚長避短**：在任何一個銷售團隊中，哪怕只有兩個人合作也要明確分工。利用每個人的長處，避開他們的短處。有的人善於表達，有的人親和力強，有的人專業純熟。如果每個人都能發揮自己的優勢，兩個人的合作就是強強合作。反之則會越做越糟。
- **友好互助**：在推銷的每個環節，團隊中的每一個人都要注意觀察，主動發現問題並及時糾正、幫助大家改進。另外在推銷過程中，一旦發現自己的搭檔出現異常狀況，就要挺身而出，出來打圓場。
- **不要太過計較**：團隊相處難免會出現摩擦衝突。但一名優秀的推銷員應該學會寬容，只要不是原則性的問題，就要有容人的雅量，不要斤斤計較。

推銷之神的「原式奧義」：

三明治話術、服務四要點、談判五絕招……保險之神的瘋狂推銷術，開拓你的銷售之路！

編　　著：徐書俊，陳春娃
發 行 人：黃振庭
出 版 者：財經錢線文化事業有限公司
發 行 者：財經錢線文化事業有限公司
E-mail：sonbookservice@gmail.com
粉 絲 頁：https://www.facebook.com/sonbookss/
網　　址：https://sonbook.net/
地　　址：台北市中正區重慶南路一段六十一號八樓 815 室
Rm. 815, 8F., No.61, Sec. 1, Chongqing S. Rd., Zhongzheng Dist., Taipei City 100, Taiwan
電　　話：(02)2370-3310
傳　　真：(02)2388-1990
印　　刷：京峯彩色印刷有限公司（京峰數位）
律師顧問：廣華律師事務所 張珮琦律師

定　　價：375 元
發行日期：2023 年 02 月第一版
◎本書以 POD 印製

國家圖書館出版品預行編目資料

推銷之神的「原式奧義」：三明治話術、服務四要點、談判五絕招……保險之神的瘋狂推銷術，開拓你的銷售之路！ / 徐書俊，陳春娃編著 . -- 第一版 . -- 臺北市 : 財經錢線文化事業有限公司 , 2023.02
面；　公分
POD 版
ISBN 978-957-680-581-3(平裝)
1.CST: 銷售 2.CST: 銷售員 3.CST: 職場成功法
496.5　　111020926

電子書購買

臉書